民族文化技能传承系列教材

龙凤花烛传统手工艺制作

主 编

彭华友　车志明　陈建友

中国财经出版传媒集团
中国财政经济出版社

图书在版编目（CIP）数据

龙凤花烛传统手工艺制作 / 彭华友，车志明，陈建友主编. -- 北京 ：中国财政经济出版社，2022.2
民族文化技能传承系列教材
ISBN 978-7-5223-0900-2

Ⅰ. ①龙… Ⅱ. ①彭… ②车… ③陈… Ⅲ. ①蜡烛－手工艺品－制作－中等职业学校－教材 Ⅳ. ①TS973.5

中国版本图书馆 CIP 数据核字（2021）第 224331 号

责任编辑：田明晖　　责任印制：史大鹏
封面设计：陈宇琰

龙凤花烛传统手工艺制作
LONGFENG HUAZHU CHUANTONG SHOUGONGYI ZHIZUO

中国财政经济出版社 出版
URL：http：//www.cfeph.cn
E-mail：cfeph@cfemg.cn

社址：北京市海淀区阜成路甲 28 号　邮政编码：100142
营销中心电话：010-88191522　编辑部门电话：010-88190670
天猫网店：中国财政经济出版社旗舰店
网址：https：//zgczjjcbs.tmall.com
北京中兴印刷有限公司印刷　各地新华书店经销
成品尺寸：185mm × 260mm　16 开　6.75 印张　120 000 字
2022 年 2 月第 1 版　2022 年 2 月北京第 1 次印刷
定价：20.00 元
ISBN 978-7-5223-0900-2
（图书出现印装问题，本社负责调换，电话：010-88190548）
本社质量投诉电话：010-88190744
打击盗版举报热线：010-88191661　QQ：2242791300

PREFACE 前言

本书是一本综合理论和实操为一体的非物质文化遗产技术技能教材，体现了非遗文化的传承与发展，兼有创新与创业相结合的特点。职业教育阶段，通过推进民族文化传承与创新示范专业点建设，培养符合民族文化产业需要的高素质技术技能人才和非物质文化遗产传承人才，迫切需求中华优秀传统文化教材的建设。

本书是依据教育部印发的《完善中华优秀传统文化教育指导纲要》，并参照《中华传统文化》课程标准的要求而编写的。在进行本书的写作之前，编者走访了贵州、浙江等地了解不同省市关于龙凤花烛的类型、特点和制作方式，走访了秀山当地龙凤花烛的生产和销售点，总结提炼出适合中等职业学校学生的技术技能训练与考核的教材内容和形式。

本书分为三个部分：理论篇、实作篇和拓展篇。理论篇的内容包括：绪论、历史渊源、龙凤花烛的文化内涵、龙凤花烛的造型及艺术特征、实作篇内容包括：龙凤花烛的制作、其他花烛的制作，所有的技能项目均有理论指导和操作步骤图片，有机地将理论学习和技能训练融为一体，同时每个项目下面都配有作业，学生能根据作业要求评价自己的学习成效。拓展篇内容包括：非物质文化遗产保护及龙凤花烛的发展、龙凤花烛衍生作品，指导学生在学习技术技能过程中学会创新。

编者们在编写过程中对各训练项目进行了反复操作，并查阅了大量资料。本书可作为中等职业学校非物质文化遗产课程的通用教材，亦可作为龙凤花烛加工制造企业、非遗文化爱好者及社会从业人员的培训教材和参考用书。

本书由重庆市秀山土家族民族自治县职业教育中心彭华友、车志明、陈建友担任主编；敖敏、张献担任副主编；参编人员有彭益、冉妮、陶靖燕、廖文婷、熊怡。由于编者学识和水平有限，疏漏之处在所难免，敬请批评指正。

编者

2021年11月

CONTENTS 目录

上篇 理论篇

上篇　理论篇

第一章

绪论

一、教材开发的缘起

重庆市秀山土家族苗族自治县地处武陵山腹地，系渝东南门户，为渝、鄂、湘、黔边区结合部，是重庆市在四省（市）边区的窗口形象，是西部开发的前沿阵地、桥头堡发展城市。聚居着以土家族、苗族为主的 17 个少数民族，历来流传着各类充满地方风土人情的传统工艺，凝聚着秀山人民劳动智慧的民族文化瑰宝，孕育着丰厚的非遗文化。近年来，秀山龙凤花烛、秀山花灯、秀山民歌等十余项列入市级非物质文化遗产名录。

（一）传承

在秀山，职业教育肩负着培养多样化人才、传承技术技能、促进就业创业地方人才培养、文化保护传承、服务地方经济社会的重要职责。秀山职教中心深知，发挥职教优势培养非遗传承人，不仅能为学校特色发展打开新局面，还能将地方优秀传统文化薪火相传。我们通过将相关技艺引入课堂，加强学生学习非遗文化兴趣，提高动手实践能力。秀山职教中心近年来，加强非遗进校园的传承活动，学校力图“龙凤花烛”项目的产业开发，助推地方文旅融合，其实践效果产生了广泛的社会影响。

秀山职教中心将专业建设与非遗文化相结合，是在相关课程规划、教学培养过程中积极融入“龙凤花烛”元素，让学生在潜移默化中深化对中华传统文化的认知与认同。

以课程开发为例，学校引进“龙凤花烛”非物质文化传承人陈建友入校任教，开展形式多样、内容丰富的培训和讲座，指导教师围绕民族文化传承和文化新兴产业人才需求，深入研究“龙凤花烛”文化，并与旅游、服装、电商等专业相融合进行课程开发，编制“龙凤花烛”系列文化教材，系统、专业地培养学生实践能力和创新精神。

学校通过加大对专业教师的培训力度和引进力度，鼓励教师与非遗传承人通力协作，深化“龙凤花烛”非遗理论研究和加强技能提升，多种方式提高师资队伍教研水平，为创新传承非遗文化打下了坚实的人才基础。如今，通过将“龙凤花烛”非遗技艺带入课堂，秀山职教中心已累计培养传承人400余人，这门传统而古老的手艺真正在年轻一代得以传承、发扬。

（二）创新

在传承经典的基础上，我们还对“龙凤花烛”进行了一定程度的创新转换，使其更符合时代发展节奏，更有价值，适用性更广。文明的延续，既需要薪火相传，更需要与时俱进、勇于创新。学校将这一理念贯穿于实践中，促进“龙凤花烛”项目非遗文化创造性转换和创新性发展，赋予非遗文化以新的时代内涵与特性。

基于此，学校成立了“龙凤花烛”非物质文化工作坊，围绕“非遗传承，文旅融合”中心开展工作坊工作。通过积极进行创新实践，开展相关校园文化建设，研发制作具有“龙凤花烛”非遗文化特色的文创产品等，推进非遗作品向产品和商品转化，实施非遗文化项目产业开发，促进了文旅的深度融合。

通过在内容、载体、形式、手段上对非遗文化及技艺进行创新创作，秀山职教中心取得了阶段性的建设成果。现已开发了婚庆、寿庆、迎春、祭祀、香薰5种类别，186个规格的龙凤花烛产品。此外，还通过建设民族艺术商品销售点及承办少数民族文化现场会等活动，扩大了学校的社会影响力，建成了武陵山非物质文化遗产传承教育的示范点。

（三）创业

秀山是旅游大县，近几年，全县旅游经济指标快速攀升，全域旅游发展成效凸显；秀山也是电商大县，建成了“重庆领先、西部一流、全国知名”的电商产业园，农村电商体系已覆盖全县，成为县域经济发展的重要支撑。

对于秀山而言，旅游是金山，电商是银山。背靠两座“大山”，秀山职教中心如何立足办学特色，服务地方产业发展，培养更多与地方经济需求相匹配的技术技能人才，进一步实现创新？

依托非遗文化项目，促进市场化开发，是学校用行动给出的答案。

旅游产业上，秀山职教中心整合秀山非物质文化遗产，依托秀山华城旅游公司实施双创基地建设，在中国微电影城建立“非物质文化传承双创基地”。在秀山微电影城、川河盖、洪安、西街等4A级旅游景区建立了门店，面向游客进行“线下”售卖。

电商产业上，学校在秀山电商孵化园建立了电商销售平台，进行“线上”销售，形成了秀山花灯、龙凤花烛为核心元素的文旅产品“学—研—产—销”一条龙产业链。

“线上”“线下”一体化发展，真正让非遗文化走向了市场，与时代的脉搏一起跳动，释放出崭新的生机与活力。

值得一提的是，学校还创编了以“秀山花灯”“民俗民风”等为主题的文艺节目，在西街、川河盖和微电影城等景区展演，为秀山打造文化旅游景区，提升文化旅游质量，夯实中华文化共有精神家园建设提供支持。另一方面，在助力乡村振兴、精准扶贫工作中，学校广泛宣传秀山花灯、龙凤花烛等非物质遗产文化，也为其提升了社会关注度，拓宽了文化影响力。

对于职业教育而言，要培养更多与地方经济需求相匹配的技术技能人才，加强校企合作、深化产教融合是必由之路。

在秀山职教中心，非遗文化项目的落地，正在为学校实现产教融合发展带来新的机遇与挑战。下一步，秀山职教中心还将紧扣《国家职业教育改革实施方案》《职业教育提质培优行动计划（2020—2023年）》文件精神，积极谋划“十四五”学校发展规划，以高水平中职学校建设为契机，打造武陵山区职教高地。秀山职教中心负责人彭华友表示，“我们将依托电子商务专业群建设，以电商专业为核心，带动旅游、舞蹈、物流、烹饪专业发展，进一步深化产教融合，助力校企协调发展。”

具体来说，学校将牵头组建武陵山电商产教联盟，面向武陵山、辐射渝湘黔等省市的中高职院校、电商企业和电商管理机构，搭建电商实战平台。为中高职学校的师生技能提升、电商实训、开设网店等提供实战平台，服务区域电商产业发展，吸引武陵山及周边地区企业使用电商平台，进行线上线下文旅产品销售，实现产教深度融合、校企共赢，为巩固脱贫攻坚成果，助力乡村振兴贡献职教力量。

二、秀山龙凤花烛教材主要内容

龙凤花烛教材主要围绕龙凤花烛的制作进行编写，介绍了龙凤花烛制作所需的材料、工具、制作过程，在编写制作过程时，又分别从烛芯的制作、烛身的制作、龙的制作、凤的制作进行撰写，撰写前经过大量文字资料的查找、对龙凤花烛传承人的采访、现场拍片等过程，形成教材。

三、秀山龙凤花烛教材编写思路及其意义

龙凤花烛教材的编写主要从花烛的历史渊源、龙凤花烛的文化内涵、龙凤花烛的造型及艺术特征、龙凤花烛的制作、非物质文化遗产保护及龙凤花烛的发展、龙凤花烛的衍生作品等几个方面阐述，旨在教育教学过程中，学生掌握的不仅仅是龙凤花烛的制作，更能了解龙凤花烛的历史、文化、发展等，能在真正意义上传承和发扬龙凤花烛，能更深入了解我国非物质文化遗产。

第二章

历史渊源

第一节　烛的由来

蜡烛起源于原始时代的火把。原始人把脂肪或者蜡一类的东西涂在树皮或木片上，捆扎在一起，做成了照明用的火把。大约在公元前3世纪出现的蜜蜡可能是今日所见蜡烛的雏形。

在西方，有一段时期，寺院中都养蜂，用来自制蜜蜡，这主要是因为天主教认为蜜蜡是处女受胎的象征，所以便把蜜蜡视为纯洁之光，供奉在教堂的祭坛上。从现存文献看，蜜蜡在我国产生的时间大致与西方相同，日本是在奈良时代（710—784年）从我国传入这种蜡烛的，和现代蜡烛相比，古代蜡烛有许多不足之处。

唐代诗人李商隐有“何当共剪西窗烛”的诗句。诗人为什么要剪烛呢？当时蜡烛烛心是用棉线搓成的，直立在火焰的中心，由于无法烧尽而炭化，所以必须不时地用剪刀将残留的烛心末端剪掉。这无疑是一件麻烦的事，1820年，法国人强巴歇列发明了三根棉线编成的烛心，使烛心燃烧时自然松开，末端正好翘到火焰外侧，因而可以完全燃烧。但蜡烛还有待进一步完善，它的材料一般是有许多缺点的动物油脂，解决这一难题的是舍夫勒尔等人。

1809年6月至7月间，法国化学家舍夫勒尔收到一家纺织厂的来信，请他分析、确定他们寄来的一个软皂样品的成分，他拿着这封信思索了很长时间，心想：要研究肥皂，看来还得从原料油脂入手。在仪器设备非常简单、朴素的学校实验，他研究了皂化过程中需要使用的各种油脂。经过大量实验，他第一次发现了这样的事实：在一切油脂中，不论其来源如何，脂肪酸的含量均占95%，其余的5%则是皂化过程中生成的甘油。通过研究他搞清了皂化过程的本质，同时他还有一项重大的发现：当时用油脂做成的蜡烛，由于里面有甘油，燃烧时火焰带烟，气味难闻。若改用硬脂酸做成蜡烛，燃烧时不仅火焰明亮，而且几乎没有黑烟，不污染空气。舍夫勒尔把他的发现告诉盖—吕萨克，并建议两人共同研究如何具体解决这个问题。他们用强碱把油脂皂化，再把得到的肥皂用盐酸分解，抽取出硬脂酸。这是一种白色物质，手摸着有油腻感，用它制成的蜡烛质地很软，价钱更加便宜。1825年，舍夫勒尔和盖—吕萨克获得了生产石蜡硬脂蜡烛的专利。石蜡硬脂蜡烛的出现，在人类照明史上开创了一个新时代。后来，有人在北美洲发现了大油田，可从石油中提炼出大量的石蜡，较理想的蜡烛因此在全球得到了普及、推广。

当今，在电光源极为丰富的情况下，具有千年历史的蜡烛，仍以其顽强的生命力，存在着，发展着，不能不说是一件趣事。时至今日，每逢喜庆佳节，许多地方都有用蜡烛来烘托节日气氛的习惯，尤其是我国的传统节日——春节。

第二节　龙凤花烛的由来

在中国，婚礼上“点花烛”由来已久。据史料记载，六朝时已有花烛。在南朝梁代用于新婚，到唐朝以后成为风俗。它的起源与周代嫁女之家三日不息烛以寄离别之情有关。到了明清时期，花烛逐渐成为“婚嫁”“祝寿”“过年”等活动的必需品。

作为一种民俗文化，在古代，只有点过龙凤花烛，才算正式结为夫妻，所以，人们把拜过堂、成过亲，明媒正娶的夫妻称为“花烛夫妻”。

最初的“花烛”都是用纸剪成龙凤、花朵等在蜡里浸一下，就成为简单的“龙凤花烛”，在原有花烛的基础上通过几年的探索、实践更新了原有简单的纸花烛做成了蜡花烛。

这些“花烛”都是纯手工制作，看似简单，实际上做工非常繁复。制作花烛所用的蜡是特制的蜡，坚固不易碎。另外制作花烛还需要大量的模具，用来把蜡制作成各式各样的形状。通常，制作花烛先要完成十余种零部件的准备工作，涉及剪纸、上蜡、熔蜡、调色、浇筑、彩绘、开相七道工序。

其中一只小蝴蝶制作工序就需八道：左右翅膀、尾巴各二道，加上身体，点上眼睛，加上穿有珠子的小弹簧做胡须，最后把加工好的另一根小弹簧穿在蝴蝶底座上，这样一只绿翅膀、红尾巴，带有玺粉花纹的彩色蝴蝶就做成了。

第三节 烛的功能

一、祭祀烛

古人点两根蜡烛，一根蜡烛为阳，一根蜡烛为阴。阴烛点给先祖，因为在传说中，香烛是鬼神的食粮。

烛光就像明灯，在祖先的荫蔽下点亮前程路，指引后人走正路，明正理。而另一种说法，两根蜡烛就是一种对称美和阳数的意思，点双不点单，约定俗成，一般都是一对，千年如此。

二、祝寿烛

过寿时，儿孙们要提前为寿星准备新衣，在贺寿前一天，要布置寿堂。布置寿堂一般包括挂寿图，贴寿联，摆放寿果、寿酒、寿鱼等，供南极仙翁、麻姑等寿神。寿堂布置完毕后，一般全家人一起吃寿面，称为“暖寿”。

在贺寿当日，寿星穿上新衣，坐于寿案。点烛烧香放鞭炮后，儿孙们穿戴整齐，给寿星磕头、祝寿、送寿礼，企望寿星多福多寿。庆寿仪式的时辰各地不同，有些在上午，有些则在中午，寿礼和寿仪也不尽相同，但总体而言，都是祝愿寿星长寿安康。

三、节日烛

传说在很久以前，凶禽猛兽很多，四处伤害人和牲畜，人们就组织起来去打它们，有一只神鸟因为迷路而降落人间，却意外的被不知情的猎人给射死了。天帝知道后十分震怒，立即传旨，下令让天兵于正月十五日到人间放火，把人间的人畜财产通通烧死。天帝的女儿心地善良，不忍心看百姓无辜受难，就冒着生命的危险，偷偷驾着祥云来到人间，把这个消息告诉了人们。众人听说了这个消息，有如头上响了一个焦雷。吓得不知如何是好，过了好久，才有个老人家想出个法子，他说：“在正月十四、十五、十六日这三天，每户人家都在家里张灯结彩、点响爆竹、燃放烟火。这样一来，天帝就会以为人们都被烧死了”。大家听了都点头称是，便分头准备去了。

到了正月十五这天晚上，天帝往下一看，发觉人间一片红光，响声震天，连续三个夜晚都是如此，以为是大火燃烧的火焰，心中大快。人们就这样保住了自己的生命及财产。为了纪念这次成功，从此每到正月十五，家家户户都悬挂灯笼，放烟火来纪念这个日子。

第四节　龙凤花烛的类型及特点

一、浙江花烛

嘉兴龙凤花烛制作技艺，自清光绪末年由程寿琪始创，后传于其孙女程国华（1929年出生），至今已百余年。清光绪二十八年至二十九年（1902年至1903年），嘉兴人程寿琪（一名葆琪）摸索研制做立体花卉装饰花烛的技艺成功。

花烛主要用于新人婚庆和长者寿庆。用于婚庆的花烛，最基本的是：一支饰有一条龙，龙嘴前有一颗珠，称“盘龙戏珠”；一支饰有一只凤，凤嘴前有一朵色彩鲜艳的牡丹花，称“凤穿牡丹”。在两支烛的下半段各饰和合二仙。这对象征龙凤呈祥、夫妻和谐的花烛，就是龙凤花烛。婚庆花烛尚有饰麒麟的，名为“麒麟送子”，饰石榴和蝙蝠的，名为“多子多福”等品种。老人寿庆花烛称为“寿烛”，饰物和结婚用的花烛不同。有的饰金色“寿”字，四周以五只蝙蝠及彩色花卉和祥云点缀，称为“五蝠（福）捧寿”；有的饰有老寿星，寓意健康长寿；有的配上“双钱”、蝙蝠，意为“福寿双全”；还有的饰福、禄、寿三像，称“三星高照”；饰“杨家将”“八仙过海”等人物，饰寿桃、祥云、佛手、金鱼、仙鹤、彩蝶等，各喻吉祥之意。

花烛的原料是红烛、柏籽油、白蜡、蜂蜡、虫窝、颜料、珠子；制作器具有模具（陶模、木模）等。制作技艺要点：先将柏籽油及在树上采集的一种原料（根据程国华及其儿子曹海荣讲可能是虫窝）放在锅中煎熬，然后放入蜡调和，使蜡增加韧性。再染上各种色彩，用模具压（浇）成各种形态的人物、花卉备用。无现成模具的饰物，则须现刻现压。饰物制成后，按要求一件件用钢丝插在红烛周侧。制作一对花烛一般费时一星期左右。制作季节性强。蜡制品在天气炎热时易软化变形，故仅在中秋至次年初春制作。

中华人民共和国成立以后，程国华一直制作不辍，直至20世纪90年代。现程国华年事已高，后辈乏人继承。

龙凤花烛制作工艺被列入第二批嘉兴市非物质文化遗产名录。

二、贵州花烛

在贵州省铜仁市思南县安化古街，传承着一种古老的民间工艺——花烛，刘贵贤就是花烛制作人的代表。思南花烛工艺独特，艺人用龙烛雕饰传统的龙头龙身，周围缠绕云彩和火焰，凤烛雕饰凤凰造型，穿行在朵朵牡丹花中龙鳞清晰可见，凤羽栩栩如生，如图2-1和图2-2所示。

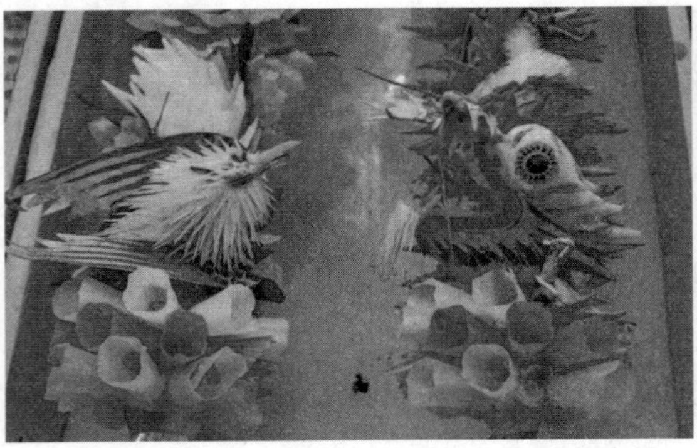

图2-1 思南花烛（1）

图2-2 思南花烛（2）

花烛的使用很讲究，大小、形状、颜色、场合的不同，表达的情感亦不同。有的烘托气氛，有的表达愿望，有的是象征幸福团员。如果新郎带上一对龙凤烛，点在自己的新婚夜上，寓意龙凤呈祥，早生贵子。

据了解，在思南用手工做花烛的艺人较多，但花烛以县城安化街刘氏花烛为典型代表。花烛先以竹、木做成烛芯，烛芯缠上灯草，用乌桕油，菜油制模浇铸成坯，模具上蘸以融化的蜡，遇水定型，色彩丰富，造型独特，巧妙加工和组合，形成各色各样的花烛。

2004年，贵州省人民政府正式批复思南花烛列入省级非物质文化遗产名录。

三、重庆花烛

龙凤花烛，秀山民间传统手工艺的一朵奇葩。

秀山历来是土家族苗族聚居地，凡逢年过节、婚丧嫁娶、修造房屋、生朝满日等都要进行家祭。由于祭祀活动的需求，秀山很早就有制烛的生产工艺。因用途不一，所制造的蜡烛中，有祭祀用的“九品烛”、修房造屋用的“喜烛”、过生日用的“寿烛”、结婚用的“龙凤花烛”等。

龙凤花烛是历史悠久的民俗工艺品。在中国传统婚嫁习俗中，点花烛是必不可少的环节。花烛通常由龙、凤和花等图案组成，代表着龙凤呈祥的美好祝愿。

花烛烛蕊，是用坚硬的老楠竹；缠线，是用又粗又长的新灯草；石蜡，用的是纯洁透明的上等料；染料，是湖广进口的传统好料。传统龙凤花烛，除却龙凤主角，还有各色花朵样式。 简单的花样有梅花、李花、桃花；复杂的花样有牡丹花、芍药花、芙蓉花等。

“花烛”由龙、凤和花等图案组成，龙和凤代表着吉祥如意，有着龙凤呈祥的美好祝愿。因此这种专门为婚礼使用的“花烛”被称为“龙凤花烛”因工艺精湛且具有较高的艺术价值，“龙凤花烛”曾被送到中国艺术节、上海世博会等节会上展出，中央广播电视总台和重庆电视台也曾专门对“龙凤花烛”的制作工艺进行录制报道。下面以重庆秀山梅江花烛为例做介绍。

梅江花烛作为市级非物质文化遗产，陈建友老师16岁开始跟着爷爷学做蜡烛，如今，已成为“龙凤花烛”的第三代传承人。让祖辈传承下来的喜烛拥有更好的市场，36年来，他不断创新花烛制作工艺，从烛身到盘旋而上的龙凤，都由他用纯蜡材料手工制作，龙头、龙尾、龙脊、凤头、凤尾都是他手工搓成后，再来雕刻细节；龙的眉眼、胡须，凤的翅膀和尾翼，这些都极其考验耐心，陈建友经常一坐就是一天，不断打磨，精益求精。“纯蜡材料”和“纯手工制作”是他始终坚守的原则。经过创新改良后的蜡烛，更加栩栩如生。

但是陈氏花烛并不是一开始就有如此规模，陈建友从16岁初中毕业开始继承祖业，1994年，随着打工浪潮兴起，他也曾动摇过，想外出打工。但面对祖业，他还是咬牙坚持下来，并在同年伴着花烛走上正轨。刚刚学习龙凤花烛时，家里的生意很差，有时候一天才卖十几块钱，所以当时觉得做花烛非常枯燥，后来得到长辈和亲友精神上的鼓励，陈建友老师开始一边努力学习爷爷的老手艺，一边在创意上加码。在1995年，得到秀山县文化馆工作人员的认可，觉得自己的龙凤花烛非常有特色。1996年，秀山文化馆工作人员来到陈建友老师家采访，收集资料，开始申请市级非物质文化遗产。1997年，陈建友老师被重庆市评为首批市级非物质文化遗产传承人。后经过陈建友老师对花烛进行不断地改进和创新，发展出了具备独特艺术设计的龙凤花烛，香熏烛，原创了寿星烛、牛头烛、迎春梅花烛。 经过创新改良后的蜡烛，更加栩栩如生。

陈建友老师说：“我是非遗传承人，非遗进校园我也有义务要传承，把我们传统文化传承下去，不能到我们这一代或下一代就失传了。”陈老师雕刻的龙凤花烛，龙爪雄劲，体态矫健；凤目圆睁，神采飞扬。陈建友制作的一对花烛，龙与凤都色泽鲜艳，栩栩如生，“盘旋”环绕在红烛上，好似即将要从蜡烛中“化身而出”，龙起九州生瑞气，凤随云彩舞风华。花烛上面的花朵雕刻也精益求精，他先将各种颜色的蜡烛放入容器中，用电磁炉加热，同时把几十种磨具浸泡在水里，等蜡烛融化后再用磨具一点点蘸着来雕烛，几十道工序都大有考究、每一处花纹都要费许多心思。

2018年，为了传承非物质文化遗产，弘扬民族文化，更好地服务秀山“金山银山”经济发展建设战略，陈建友老师走进秀山职教中心“龙凤花烛”工作坊，将非遗技艺带入课堂，累计培养传承人400余人，图2–3为陈建友制作花烛。

图2–3　陈建友制作花烛

重庆秀山清溪花烛是由非物质文化遗产代表性传承人喻淑芬继承发扬。

其龙凤花烛的制作方法，是由破竹、缠芯、熔蜡、剪纸、铸模、上软石蜡蜡油、上硬石蜡蜡油、上色十大工序完成；其烛芯采用灯草和丝绵包裹竹竿做成；内部采用软石蜡，外部采用硬石蜡，使蜡烛在燃烧时内部的蜡先溶解，外部的蜡后溶解，结合最后做成的窝形顶端，使蜡烛在燃烧时自然形成窝状，并因窝底的软石蜡先熔化，外围窝边的硬石蜡后熔化，使燃烧时的蜡油不会流出，燃烧充分且持久。

清溪花烛的龙凤制作方式不同于梅江陈氏花烛，他们采用龙凤模具结合点蜡油粘接方法，大大提高了龙凤花烛的制作速度。制作龙头时，用模具成型贴蜡片，剪纸上蜡做龙舌，含龙宝，铁丝做须上蜡染色，无龙角。龙身制作，蜡片层叠塑型，无龙爪。凤头、凤翅：凤头无眼，剪纸上蜡贴蜡片。龙烛、凤烛皆饰有花、叶。烛头：有花瓣环绕装饰。烛身：根据需要装饰以大小不等的花、叶或者撒金粉。

表2-1 清溪花烛与梅江花烛对比

		清溪花烛	梅江花烛
龙凤造型对比	龙	龙头：模具成形贴蜡片，剪纸上蜡做龙舌含龙宝，铁丝做须上蜡染色，无龙角。龙身制作，蜡片层叠塑型，无龙爪	龙头：纯蜡捏塑上油彩、金粉，含龙宝，铁丝做须上蜡染色，有龙角；龙身制作：铸模塑形呈浮雕状，贴龙鳞，有龙爪
	凤	凤头、凤翅：凤头无眼，剪纸上蜡贴蜡片	凤头、凤翅：口含灵芝纯蜡捏塑上金、贴蜡片
装饰元素对比	花叶	三牙花瓣，龙烛、凤烛皆饰有花、叶	椭圆花瓣，仅凤烛饰花、叶
	其他饰物	烛头：有花瓣环绕装饰。烛身：根据需要装饰以大小不等的花、叶或者撒金粉	
工艺流程		熔蜡、调色、剪纸、铸模、上蜡	熔蜡、调色、捏塑、上蜡、彩绘

第三章

龙凤花烛的文化内涵

第一节 龙凤花烛制作技艺的民间生产知识（经验）

最初的“花烛”都是用纸剪成龙凤、花朵等在蜡里浸一下，就成为简单的“龙凤花烛”，在原有花烛的基础上通过几年的探索、实践更新了原有简单的纸花烛做成了蜡花烛。

这些“花烛”都是纯手工制作，看似简单，实际上做工非常繁复。制作花烛所用的蜡是特制的蜡，坚固不易碎。另外制作花烛还需要大量的模具，用来把蜡制作成各式各样的形状。通常，制作花烛先要完成十余种零部件的准备工作，涉及剪纸、上蜡、熔蜡、调色、浇筑、彩绘、开相七道工序。

其中一只小蝴蝶制作工序就需八道：左右翅膀、尾巴各二道，加上身体，点上眼睛，加上穿有珠子的小弹簧做胡须，最后把加工好的另一根小弹簧穿在蝴蝶底座上，这样一只绿翅膀、红尾巴，带有玺粉花纹的彩色蝴蝶就做成了。

第二节　龙凤花烛的审美文化（从造型、色彩、装饰图案按寓意着手）

文化环境对民间手工艺的产生和发展有非常重要的影响，手工艺在生产物质财富的同时，也影响着物质财富背后的用物习俗和审美风尚，反作用于文化环境。“龙凤花烛”作为婚庆用品，当婚俗观念发生改变、现代工艺冲击市场时，面临新的文化生态环境。如何进一步发掘自身的价值、寻求新的发展空间，是众多非物质文化遗产保护过程共同面临的设计价值哲学探讨。

“龙凤花烛”的价值不仅体现在民俗功能和创造的物质财富方面，而且作为民间手工艺，也体现了人与材料的最直接、最本真的关系，创造了精神层面的审美价值。龙凤文化情结和“洞房花烛”等俗语已融入中华民族的文化基因当中，是该工艺传承的文化基础；现代人们对婚庆用品定制化、个性化的追求和崇尚自然的社会文化趋势，是推动该工艺改进和发展的心理动因。在共同的文化心理基础上，可以尝试“体验式”民间手工艺传承方式，实现个体价值在手工艺创作中的审美实现，以丰富其单一的婚俗礼仪功能，使其在新的文化生态环境中寻找作为手工艺文化的恒久价值，实践“艺术化生活”。因此，作为兼具传承价值和工艺价值的“龙凤花烛”，在社会发展的今天，除了应具备传统工艺之外，还应对花烛的工艺、设计、制作等方面进行创新。

第三节　龙凤花烛的民俗文化

秀山当地人认为黄昏是吉时，所以会在黄昏行娶妻之礼，因此夫妻结合的礼仪称为“昏礼”，后来演化为婚礼。他们认为红是吉祥的象征，所以传统婚礼习俗总以大红色烘托着喜庆、热烈的气氛。吉祥、祝福、孝敬成为婚礼上的主旨，几乎婚礼中的每一项礼仪都渗透着中国人的哲学思想。

相传最早的婚姻关系和婚礼仪式从伏羲氏制嫁娶、女娲立媒约开始。《通鉴外纪》载：“上古男女无别，太昊始设嫁娶，以俪皮为礼。”从此，俪皮就成了经典的婚礼聘礼之一。之后，除了“俪皮之礼”之外，还得“必告父母”；到了夏商，又出现了“亲迎于庭”“亲迎于堂”的仪节。周代是礼仪的集大成时代，彼时逐渐形成一套完整的婚姻礼仪，《仪礼》中有详细规制，整套仪式合为“六礼”。六礼婚制作从此为华夏传统婚礼的模板。

在秀山当地婚嫁习俗中，只有点过龙凤花烛才算正式夫妻。在结婚当日，男方家要设香案、点花烛，地上要铺红地毯或红布，夫妻要郑重其事地下跪磕头。花烛放于香案的左右两边，与结婚当日一早开始点，且要一直不灭地燃烧一天一夜，象征着红红火火，百年好合。拜堂成亲有如下程序：

引赞：新郎伫立于轿前。

通赞：启轿，新人起。

引赞：新郎搭躬（拱手延请新娘）。

引赞：新郎新娘直花堂前。

引赞：新郎新娘就位。

通赞：新郎新娘进香。

引赞：跪，献香。

通赞：跪，叩首，再叩首，三叩首。

三拜：一拜天地，二拜高堂，夫妻对拜，最后进入洞房。

第四节 龙凤花烛的价值

一、历史文化价值

秀山位于巴渝文化与湘楚文化的交接地带，形成了地理上的边城特点和人文上的边城风情，是刘邓大军解放大西南第一站和指挥中心。秀山，是土苗原乡，民族文化浓郁独特。土家族和苗族同胞生息繁衍于此，土司府邸见证历史变迁，秀山民歌响彻山村小寨。风景秀丽、诗情画意的秀山边城，孕育出丰富多样、极具地方特色的手工艺。在秀山，“点花烛”的习俗由来已久，它已成为传统婚礼、祝寿、过年等风俗活动中的必需品。特别是婚娶，在古代，只有点过龙凤造型的花烛，才能算正式夫妻。秀山，历来是土家族、苗族聚居地，历史上有对“万物有灵”的多神崇拜，凡逢年过节、大婚之日、生朝满日、修房造屋等都要进行祭祀仪式，因此很早就产生了制烛工艺。

与现在的制作工艺有所不同的是，过去传统花烛上的龙凤图案要么是用笔墨绘制、要么用铁丝支撑，其形状远不如现在的精美。以前做的蜡烛，只是一些普通蜡烛，红色的，或者只是简单的粘一些花，还有简单的龙凤烛，只要有形式就行。如今，不断创新花烛制作工艺，从烛身到盘旋而上的龙凤，都由用纯蜡材料手工制作，龙头、龙尾、龙脊、凤头、凤尾都是他手工搓成后，再来雕刻细节；龙的眉眼、胡须，凤的翅膀和尾翼。经过创新改良后的蜡烛，更加栩栩如生。

目前，虽然龙凤花烛的使用仅仅限于婚礼，但是其精湛的制作工艺，使得龙凤花烛具有极高的观赏价值和美学研究价值，融多种民间艺术于一体，是当地民间手工技艺的重要代表，也是当地传统文化的活标本。同时对当地人民的生活观、价值观和爱情观具有深远的影响。

二、龙凤花烛的艺术价值

龙凤花烛制作工艺的上蜡、熔蜡、调色、浇筑等每一道工序都要精准，无论是蜡烛的整体造型，还是龙凤的细节，都具有匠心精神。在中国传统婚嫁习俗中，点花烛是必不可少的环节。花烛的烛身都是通体红色，通常由龙、凤和花等图案组成，代表着龙凤呈祥的美好祝愿。在重庆市秀山县，一对新人结婚要点4~5对花烛。

1. 双喜花烛

双喜花烛的烛身上下各一朵花，花瓣多选用梅花、李花、桃花、牡丹花、芍药花、芙蓉花等表示富贵吉祥的花。花色也有区别，一般烛身上面的花多采用大红大紫的颜色，寓意吉祥富贵；下面的花多采用蓝色、黄色。上下朵花之间再贴喜字，表示双喜临门。双喜花烛一般用于新娘出嫁日早上，由女方所点。

2. 三朵花烛

三朵花烛的烛身主要由三朵花辅以小花瓣组成。花的颜色是传统红、黄、蓝，花朵颜色位置无特殊要求。一般花烛的花朵无花蕊，但是应客人要求，陈建友老师独创了花朵中添加花蕊的三朵花烛做法，使花朵更加形象和饱满，也增加了圆满的寓意。三朵花烛的花朵有特殊寓意，上下花朵分别表示新郎新娘，中间的花朵表示媒人。所以三朵花烛用于下聘日男方带给女方点的花烛。

3. 龙凤花烛

龙凤花烛主要时由龙、凤以及花朵构成，其中龙、凤的制作工艺繁琐复杂，放在烛上代表着龙凤呈祥的美好祝愿。因此，这种专门为婚礼使用的“花烛”被称为“龙凤花烛”。龙凤花烛倾注着劳动人民的朴素情感，具有独特的艺术风格，富有浓厚的生活气息。

三、经济价值

“龙凤花烛”在发展过程中，衍生出了牛头烛、迎春梅花烛、寿烛、香薰烛等，花烛的种类增加，且与本地旅游发展相结合，有力助推了地方文旅融合，产生了广泛的社会影响。

特别是香薰烛，这是一种由秀山职业教育中心”龙凤花烛”非物质文化工作坊在原有的婚庆、寿庆、迎春、祭祀四个类别的蜡烛基础上，开发的产品。香薰烛，具有香味清新宜人的特色。不同于传统意义上的蜡烛，香薰蜡烛属于工艺蜡烛的一种，外形丰富多姿，色彩美轮美奂，其蕴含的天然植物精油，燃烧时散发出怡人清香，具有美容保健、舒缓神经、净化空气、消除异味之功效。

近几年，秀山县高度重视发展旅游业，发展形成了凤凰山、秀山西街、黑洞河漂流、川河盖等景区，吸引了大量的游客。香薰烛作为文旅产品推出，结合地方特色，使香薰烛很快有了市场，获得游客的普遍喜爱，助力秀山经济发展。

四、教育价值

秀山龙凤花烛，是秀山“非物质文化遗产”，千百年来走进秀山土家苗寨千家万户，为祖祖辈辈带来了吉祥和喜庆。由于这门技艺工艺复杂、程序繁多，一对花烛通过浇蜡到雕花完成多达百次甚至数百次工序，且价格低廉，很多老艺人都放弃了，面临失传。亟需培养花烛人才，传承、发展花烛。

第四章

龙凤花烛的造型及艺术特征

第一节　造型及艺术特征

一、传统的写实表现技法

花烛中的龙凤主要是以形写神，畅神达意。“形”指外在形象，“神”是内在精神。传统花烛中的龙凤制作不仅要满足“形似“，更要求”神似“。做到 龙爪雄劲，体态矫健；凤目圆睁，神采飞扬，龙与凤都色泽鲜艳，栩栩如生。加工的语言有圆雕、有浮雕、也有线刻，是根据龙凤形象的需要加以多变性运用的。

二、龙凤花烛装饰性相当突出

装饰性对于增强花烛所要表现的喜庆效果，造型变形，更具有突出效果的作用。身上更有线刻图案来加强这种装饰品格。装饰性的变形处理是夸张概括的手法之一。经过这样处理过的花烛，往往比生活中具体物象更具有美感，形成显著的民族地域特征。

三、龙凤花烛具有意象性

它们和中国画一样，追求神韵。如果用西方古典雕塑的标准来看待它们，就能挑剔出解剖、比例不够准确，质感塑造不够充分等不足，造成欣赏上的障碍。我们必须换一种眼光，使用我们自己民族的艺术标准和审美习惯，来欣赏中国古代雕塑“以形写神”的艺术效果。这样，才能在龙凤花烛体会到“栩栩如生”这一句成语的含义时，就不是像欣赏西方古代著名雕刻掷铁饼者、拉奥孔群像和奥古斯都像等那样，是个从形到神都准确得像真人一般的概念，而只是感受到一个艺术品所传达的生命力、文化和意境等形而上学的东西。

1. 双喜花烛

双喜花烛的烛身上下各一朵花，花瓣多选用梅花、李花、桃花、牡丹花、芍药花、芙蓉花等表示富贵吉祥的花。花色也有区别，一般烛身上面的花多采用大红大紫的颜色，寓意吉祥富贵；下面的花多采用蓝色、黄色。上下朵花之间再贴喜字，表示双喜临门。双喜花烛一般用于新娘出嫁日早上，由女方所点。

2. 三朵花烛

三朵花烛的烛身主要由三朵花辅以小花瓣组成。花的颜色是传统红、黄、蓝，花朵颜色位置无特殊要求，一般花烛的花朵无花蕊，但是应客人要求，陈建友老师独创了花朵中添加花蕊的三朵花烛做法，使花朵更加形象和饱满，也增加了圆满的寓意。三朵花烛的花朵有特殊寓意，上下花朵分别表示新郎新娘，中间的花朵表示媒人。所以三朵花烛用于下聘日男方带给女方点的花烛。

3. 龙凤花烛

“花烛”由龙、凤和花等图案组成，非遗传人陈建友花烛是一种纯粹的手工艺品，工艺复杂繁琐，如图4–1所示。

图4–1　龙凤花烛

（1）熔蜡。

取大锅一口，蜂窝煤炉一个，石蜡若干。将石蜡放锅中高温熔化，后关火使石蜡逐渐变冷凝固，在有余温60度左右，用手将石蜡从锅中打捞出来开始揉蜡。

（2）揉蜡。

在石蜡没有完全凝固的情况下，把石蜡揉成团，这时候的石蜡没有韧性，呈絮状。下一步开始揉蜡，在整个过程中，要在保证石蜡油余温的情况下，一直用和面的方式揉，大约十分钟后，石蜡变得有韧性，拉开后不易断且有拉丝状，这时，石蜡才算揉好，揉好后的石蜡，可以塑造各种形状。

（3）塑型。

塑型是将揉好的石蜡雕筑成想要的形状的过程。

（4）倒膜。

（5）雕刻。

（6）上色。

依靠客人要求，龙凤花烛可定做3斤、6斤、9斤等不同重量，每一对龙凤花烛都可燃至少一天一夜，寓意天长地久，百年好合。斤数重一些的烛可以燃烧三天，寓意香火不断。

龙和凤代表着吉祥如意，有着龙凤呈祥的美好祝愿。因此这种专门为婚礼使用的“花烛”被称为“龙凤花烛”。

4. 素烛

这类烛身上无特殊立体图案，是花烛中唯一一种平面烛，仅画上兰草花，寓意吉祥富贵。此烛用在结婚前一天，男方祭祖用。

第二节　寿烛

寿烛是非遗传人陈建友老师独创的花烛之一。是老人过大寿时由儿子、女儿或孙子为其定做的花烛，寓意百年长寿、福寿绵长。寿祝分为普通烛和精品烛两种。

一、普通寿烛

普通寿烛的烛身用金粉写上“福如东海、寿比南山”字样，表示对老人的祝福。

二、精品寿烛

精品寿烛的烛身是由一个寿星老人手拿寿桃，坐在仙鹤上，寓意福如东海，寿比南山。寿烛的制作流程和龙凤花烛的制作流程一样，都需要通过熔蜡、揉蜡、塑型、雕刻、上色等步骤。

第三节　牛头烛

5月12日，数千民来自全国的苗族后裔盛装出席，在苗族长老的带领下，共同祭拜祖先蚩尤。81名苗家男儿整体排列，高举黄色幡旗，庄严肃穆地走到蚩尤大殿，然后迅速撤开，将广场围成大圈；数千名苗族儿女组成狩渔方阵、五谷方阵、冶铜方阵、俑兵方阵、制盐方阵、百艺方阵、巫傩方阵、驯兽方阵、法典方阵九大方阵，依次有序前行；伴随着苗族长老祭文吟唱，祭献三牲（猪头、羊头和牛头）和食盐、大米、黄豆等农副产品，苗族长老代表苗民敬献高香至殿内；最后，苗家儿女们围绕九黎神柱欢快跳舞，表达对祖先的追忆，崇尚对自然的恩赐，祈求盛世祥和。

图4–2　祭拜祖先蚩尤

通常，祭祀采用“三牲献礼”，即以三种牲畜组成的祭祀贡品，不过三牲有大小之分，大三牲指羊、猪和牛；小三牲指鸡、鸭和鱼。后来也称鸡、鱼、猪为三牲。古人进行祭祀时，经常用到的祭品是牛、羊和猪。但在古代，牛属于很珍贵的肉食，只有贵族才能消费，普通老百姓吃不起。所以很多百姓祭祀只有羊和猪，称作“少牢”，而三牲齐全，就称作“太牢”。

图4–3　祭祀贡品

秀山属于土家族苗族自治县，陈建友老师结合我县风俗独创出牛头烛。牛头烛的制作工艺同龙凤花烛一样，都要经过熔蜡、揉蜡、塑型、雕刻、上色等步骤。

第四节 迎春梅花烛

梅花是中国十大名花之首，与兰花、竹子、菊花一起列为“四君子”，与松、竹并称为“岁寒三友”。在中国传统文化中，梅以它的高洁、坚强、谦虚的品格，给人以立志奋发的激励。在严寒中，梅开百花之先，独天下而春。

图4–4 梅花

自古文人都爱梅，因其所处环境恶劣，却仍在凌厉寒风中傲然绽放于枝头，是中华民族最有骨气的花，是民族魂代表。梅花清雅俊洁、冰肌玉骨、凌寒留香。梅花象征坚韧不拔，不屈不挠，奋勇当先，自强不息的精神品质。迎雪吐艳，凌寒飘香，铁骨冰心的崇高品质和坚贞气节鼓励了一代又一代中国人不畏艰险，奋勇开拓。

在风水学中，梅花有四德，有“梅具四德，初生为元，开花为亨，结子为利，成熟为贞。”这个风水中的五行是相合的。在庭院中栽种梅花和竹子，有“竹梅双喜”的意向，以竹喻夫，梅喻妻，常用以祝贺新禧，夫妻和乐。喜鹊在梅花上欢叫的图案，常被称为“喜报早春”“喜报春光”“喜上眉梢”，取谐音或寓意。

梅花的含义是：坚强、高雅和忠贞。主要分为花梅和果梅两类，花色有白、红、粉红等多种颜色。象征着坚韧不拔，不屈不挠，奋勇当先，自强不息的精神品质。在严寒中，梅开百花之先，独天下而春。

迎春梅形状为四棱形，它的叶子为对生状三出复叶，叶子形状为卵形、长卵形或椭圆形。花期在2月至4月份，于在春时节开放，花朵颜色为金黄色，花瓣有5~6片，迎春花喜欢在阳光充足和温暖湿润的环境中生长，它有一定的耐寒能力，但是气温过低时它不会开花。

图4-5　迎春梅

所以陈建友老师独创了迎春梅花烛，表达了除旧迎新、五谷丰登、风调雨顺等美好的祝福。

第五节　香薰烛

陈建友老师的香薰烛是他根据传统香薰烛改进创新而成。

香薰烛烛体由大豆蜡或果冻蜡制成，使用可食用香精调香，辅以干花和亮片进行装点修饰，外形美观优雅。其制作均采用纯手工完成，质高精致。可用于客厅、卧室、餐厅、车载、露营等室内外场所。自然香氛，清新空气，营造浪漫情调。大号烛和中号烛在香氛基础上兼具驱蚊安神功效。香薰烛每次点燃时间一般不超过20分钟，若按次数计算，小号烛（直径约6.5cm，70g）可使用10次左右，中号烛（直径约8.5cm，115g）大约可使用20~30次，大号烛（直径约14.5cm，200g）大约可使用30~40次，此外，香薰烛的香味品种多样，主要有海洋、油桃花蜂蜜、樱花、风铃草、玫瑰绿树等。

中篇　实作篇

第五章

龙凤花烛的制作

材料：灯草（棉线）、石蜡、染料

工具：镰刀、大铁锅、煤炭炉、铁杯、电磁炉、小铁盆、模具、火枪、刻具、倒模条

第一节 材料

一、灯芯的材料

1. 灯草

灯草乃多年生草本植物，又称灯芯草。其茎细长，茎的中心部分用做菜油灯的灯芯，俗称灯草。用灯草作灯芯之菜油灯，俗称灯盏。多少世纪以来作为灯芯用的灯草，在中药铺药柜的抽屉里尚可找到。油灯里是用棉花搓成的绳也叫灯草。

图5-1 灯草

小灯心草，一年生草本，高5~20cm。须根细弱。茎直立或斜升，基部常红褐色。叶基生和茎生；叶片多少扁压，线状，长2~5cm，宽约1mm。花在小枝顶排成疏松或紧密的二歧来聚花序；花长3~7mm，有3片卵形膜质苞片；花被6，外轮3，被针形，先端尖，有膜质边缘，内轮3，几全为膜质，先端较钝；雄蕊6，长为花被片之半，花药长为花丝的1/3至1/2。蒴果三角状长圆形，几与内轮花被片等长。种子倒卵形，长约0.4mm。花、果期在4月至8月。又名灯心草、野席草、龙须草、灯草、水灯心。

灯草又指西非的一种野草（与灯芯草不是同一中植物），在冈比亚西部的南斯朋考草原，长着一种红色的能发光的野草——“灯草”。生于河岸或池沼旁的水湿处。这种草的叶瓣外部包含一种绿荧素的晶素，仿佛上面涂了一层银粉。每到夜间，”灯草”叶瓣上的晶素就闪闪发光，好像在草丛里装上了无数只放光的”灯”。在”灯草”集生的地方，会亮得如同白昼，使周围的一切都看得很清晰。因为”灯草”能发光，当地居民就把它移植到自己屋门口或院门口，作为晚上照明的”路灯”用。”灯草”的根茎还含有40%以上的淀粉，磨成粉末，可以代替粮食。

主要分布在我国长江地带以北及四川、云南等地。含木犀草素-7-葡萄糖苷（luteolin-7-glucosi-de）β-胡萝卜素（β-carotene），隐黄质（cryptoxanthin），异堇黄质（auroxanthin），新费质（neoxanthin），毛茛黄质（flavoxanthin），菊

黄素（chrysanthemaxanthin），堇黄质（violaxanthin），5，8-环氧-α-胡萝卜素（α-carotene-5，8-epoxide）及β-谷甾醇（β-sitosterol）及豆甾醇（stigmasterol）。性苦味凉，可作为热淋；小便涩痛；水肿；尿血；灯草夏天泡冰喝，去心火，利尿，平血压等的药材。夏季采收，洗净，晒干。

图5-2 灯草

2. **棉线**

棉线是指用棉花纤维搓纺而成的细长可以任意曲折的线。形状和毛线一样，有粗的也有细的，细的和细毛线差不多粗，适合夏天用棒针来编织短袖或者用钩针来毛衣都可以，质地比较柔软，可以贴身穿和给宝宝织毛衣，也比那种多股的一般棉线好织，不会出现斜或者漏织等情况。这样的棉线有单色的和多色的，颜色也比较丰富。编织出来的毛衣透气吸汗。

图5-3 棉线

二、蜡

1. 木油籽

古代传统使用的植物材料，现在已经很难找到。

2. 石蜡

石蜡是从石油、页岩油或其他沥青矿物油的某些馏出物中提取出来的一种烃类混合物，主要成分是固体烷烃，无臭无味，为白色或淡黄色半透明固体。石蜡是非晶体，但具有明显的晶体结构。另有人造石蜡。

石蜡是石油加工产品的一种，是矿物蜡的一种，也是石油蜡的一种。它是从原油蒸馏所得的润滑油馏分经溶剂精制、溶剂脱蜡或经蜡冷冻结晶、压榨脱蜡制得蜡膏，再经溶剂脱油、精制而得的片状或针状结晶。用于制高级脂肪酸、高级醇、火柴、蜡烛、防水剂、软膏、电绝缘材料等。

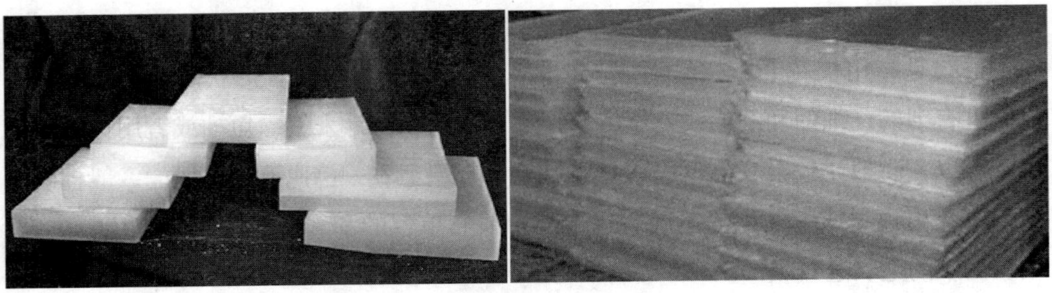

图5-4　蜡

三、染料

1. 纯植物——紫色草

紫色草作为染料，是陈建友老师祖上流传下来的秘方。

2. 工业染料

工业染料是用于纺织品、皮革制品及木制品的染色的物质，因价格便宜、着色强、稳定性强，所以也被不法商贩用做替代食品染料的着色剂。

图5-5　染料

第二节 工具

一、镰刀

镰刀俗称割刀，呈月牙状，刀口有斜细锯齿，尾端装木柄，用以收割稻麦。50年代受苏北、山东大镰刀影响，刀体、刀柄稍有加长，为今收割常用工具之一。镰刀在制作龙凤花烛烛芯时是一个必不可少的砍竹和打磨工具。

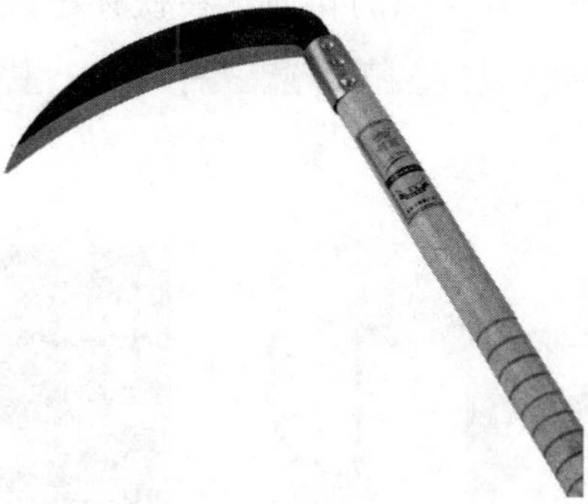

图5-6 镰刀

二、大铁锅

铁锅有生铁锅和熟铁锅之分：生铁锅是选用灰口铁熔化用模型浇铸制成的；熟铁锅是用黑铁皮锻压或手工捶打制成，具有锅坯薄，传热快的性能。在制作龙凤花烛时，使用的是熟铁锅，用于融蜡。

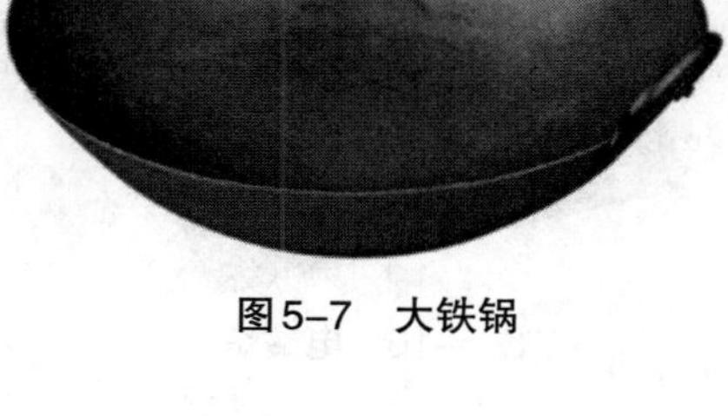

图5-7 大铁锅

图5-8　三芯炉子

三、煤炭炉

煤炭炉主要是供取暖和炊事用的炉子。煤炭炉有单芯炉子、三芯炉子、多芯炉子等。使用时，将蜂窝煤根据媒芯多少放入媒芯。在龙凤花烛制作过程中，需要将铁锅架到煤炭炉上进行融蜡。

四、铁杯

铁制的杯子用于制作龙凤花烛的花瓣，在铁杯中放入石蜡，放在电磁炉上融化后加入与相应的色素，调制成红、黄、蓝三种颜色，替代大铁锅，小巧、方便、不浪费。

图5-9　铁怀

五、电磁炉

电磁炉用于制作龙凤花烛的花瓣时融蜡和调色，替代煤炭炉，小巧、方便、环保。

图5-10　电磁炉

六、小铁盆

用于捏制龙凤花烛的龙头、寿烛的寿星等，替代大铁锅，便携、环保。

图5-11　小铁盆

七、模具

模具用于龙凤花烛的花瓣雕刻，所有模具都是用木材雕刻成各种各样的花瓣形状。模具有大有小，根据花瓣特点选用不同模具。

图5-12　模具

八、火枪

用于捏制龙凤花烛龙头时小范围软化塑性。

图5-13　火枪

九、刻具

用于龙凤花烛的龙、凤，寿烛的寿星等雕刻。

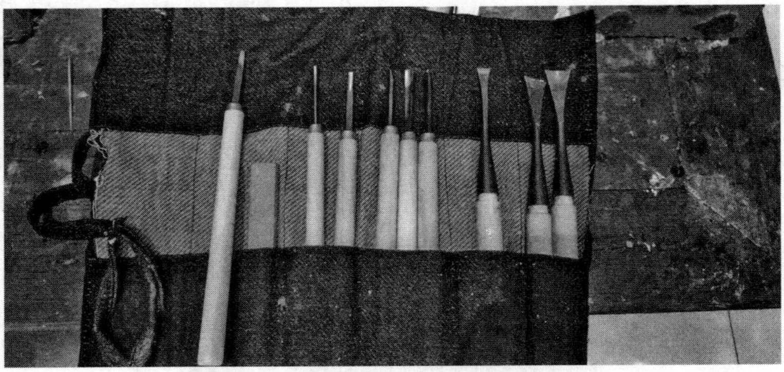

图5-14　刻具

十、倒模条

倒模条是用优质楠竹做成的，用于倒出龙凤花烛龙的身体。

图5-15　倒模条

第三节 制作过程

一、烛芯的制作

1. 削制老楠竹

图5–16 削制老楠竹

选择优质老楠竹，又称毛竹，先将一整根楠竹分成长40cm~80cm不等，宽0.6cm~1.5cm不等的长条型，打磨成下圆上扁的形状。楠竹的长和宽是由蜡烛的斤数决定的，分为以下几种：

（1）长40cm，宽0.6cm，用于1斤烛；

（2）长54cm，宽0.8cm，用于1.5斤烛；

（3）长60cm，宽1cm，用于2.5斤烛；

（4）长65cm，宽1.1cm，用于3斤~4斤烛；

（5）长70cm. 宽1.3cm，用于4斤~8斤烛；

（6）长80cm，宽1.5cm，用于12斤重烛。

将做好的灯草缠绕在老楠竹上，具体步骤如下：

首先：左手拿着成品老楠竹的上端，右手取1~2根灯草，从老楠竹的最上方开始缠绕。

其次：缠绕时，以灯草间不留缝隙为佳，细心地将灯草从上至下不间断地缠绕。

最后：缠绕至成品老楠竹2/3位置时收口，收口时不用打结的方式，而是将灯草末端用指尖轻点入缝隙自然收口。

2. 缠绕灯草

将灯草晒干后，抽出里面白色的芯，做成灯草成品。此时的灯草呈白色，圆柱形，一根大约40cm长。将做好的灯草缠绕在老楠竹上，具体步骤如下：

首先：左手拿着成品老楠竹的上端，右手取1~2根灯草，从老楠竹的最上方开始缠绕。

图5–17　准备灯草

其次：缠绕时，以灯草间不留缝隙为佳，细心地将灯草从上至下不间断地缠绕。

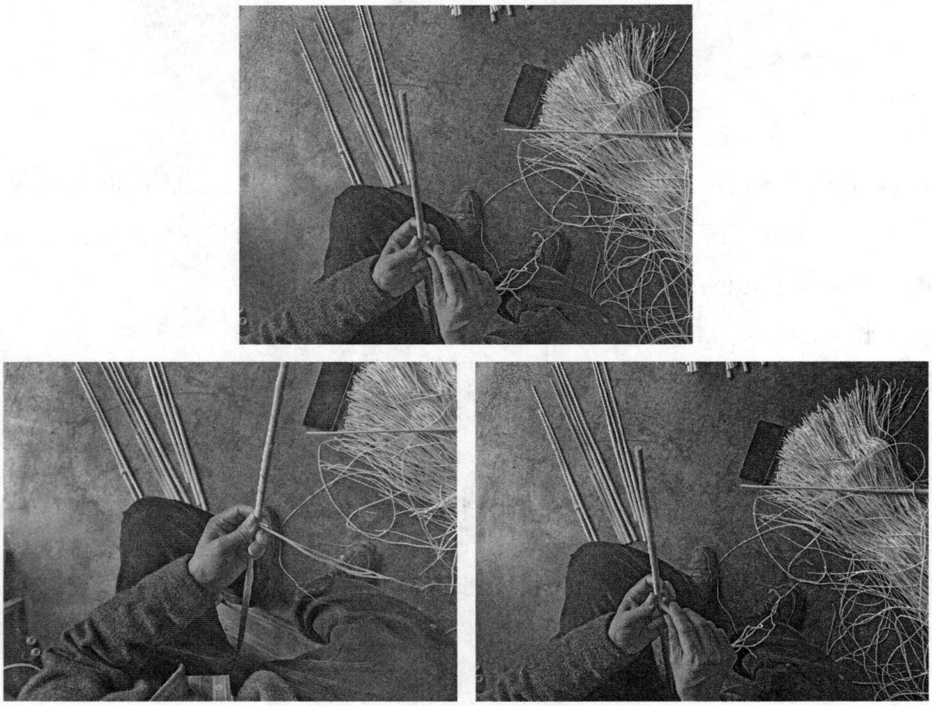

图5–18　缠绕灯草

最后：缠绕至成品老楠竹2/3位置时收口，收口时不用打结的方式，而是将灯草末端用指尖轻点入缝隙自然收口。

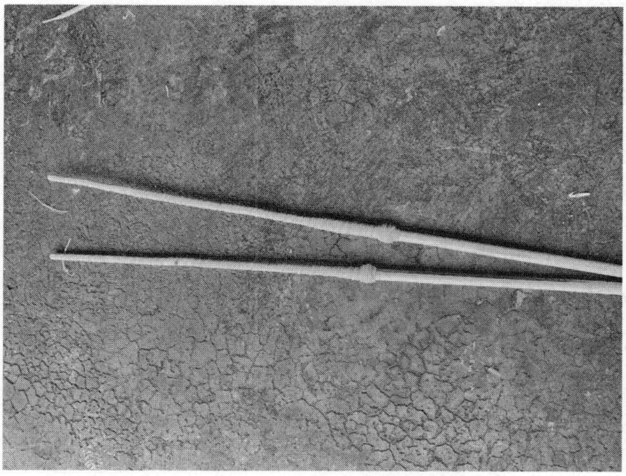

图5–19　完成灯草缠绕

二、烛身的制作附图

1. 熔蜡

（1）准备好要融化的石蜡数块；

（2）在火炉中添煤炭，将锅放置到火炉上；

（3）用铁锤将石蜡碎成小块（可以缩短融化时间）放在大锅中。

一段时间后，锅内的石蜡就已经融化成了蜡油。

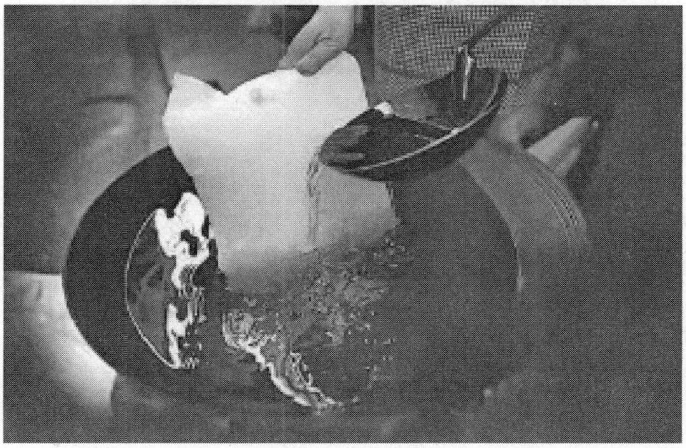

图5–20　熔蜡

石蜡是烃类的混合物，因此它并不像纯化合物那样具有严格的熔点。常见的蜡有很多种类，不同种类的蜡熔点不同，石蜡的熔点在57℃～63℃，所以熔化石蜡，只需要加热到石蜡熔点即可。

熔蜡需要准备的材料：石蜡，煤炭

熔蜡需要准备的工具：大锅一口，火炉一个，铁锤一个。

2. 浇铸

（1）将融化的石蜡油放置，冷却到50℃左右；

（2）取烛芯一支，将石蜡油浇到烛芯上；

（3）浇完一次后，将其放置一边冷却；

（4）冷却后再取回进行第二次浇筑，如此反复至烛身到圆柱形；

（5）浇筑到一定程度后，要用手掌对烛身进行反复揉捏成型；

（6）成型后为了使烛身圆润，需要用手掌压住烛身，在一块平整的木板上滚动；

（7）最后做成一个下小上大的圆柱形烛身。

图5-21　浇铸

随着工艺的发展，需求的增多，现在烛身基本上都是使用模具进行大批量制作。一般一个模具可以做100个左右的烛身。基本做法是将融化的石蜡倒入模具，冷却后再倒入，如此分批次倒入，直至冷却后成型，取出即可。

图5-22　倒入摸具

3. **上色**

上色步骤如下：

（1）将石蜡融化成蜡油，锅内蜡油温度不宜过高；

（2）在蜡油中加入植物染料，用瓢将蜡油和染料充分混合；

（3）用手握住烛芯下端，将烛身倒置在锅中，用瓢将混合好的蜡油和染料浇到烛身上；

（4）将上色的烛身放置一边冷却；

（5）反复浇3~4次，最后一次上色后，放入冷水中冷却。

图5-23　上色

反复上色的目的，是为了使蜡烛颜色更加饱满；而最后放入冷水中冷却的目的，是为了使蜡烛颜色红润透亮，充满光泽。

经过熔蜡、浇铸、上色三个步骤后，一个完整的烛身就制作完成了。

三、龙的制作

1. 揉蜡

将石蜡融化成蜡液后，把蜡液盛出到铁盘中冷却，在石蜡没有完全凝固的情况下，把石蜡揉成团，这时候的石蜡没有韧性，呈絮状。

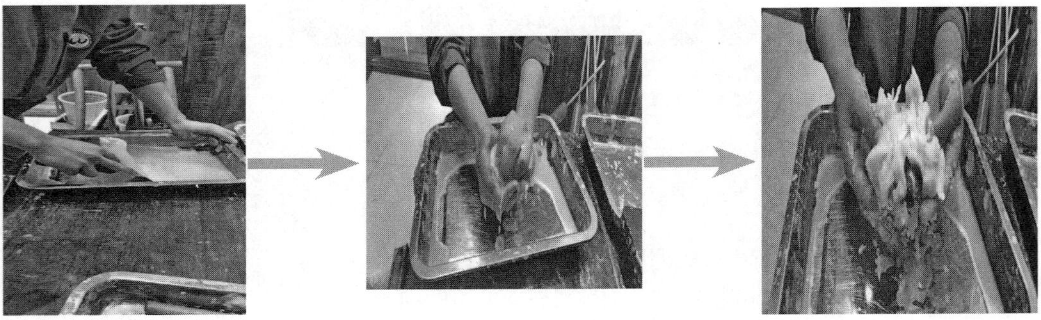

图5–24　揉蜡（1）

下一步开始揉蜡，在整个过程中，要在保证石蜡油余温的情况下，一直用和面的方式揉，大约10分钟后，石蜡变得有韧性，拉开后不易断且有拉丝状，这时，石蜡才算揉好。

图5–25　揉蜡（2）

2. 塑龙头

第一步：把蜡捏成一个长条形。

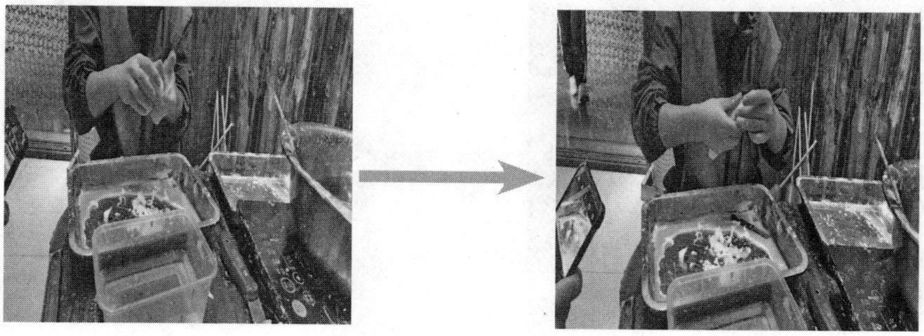

图5-26　将蜡捏成长条形

第二步：做龙嘴，用刀将捏成的长条从头切开后，将之从中切下。

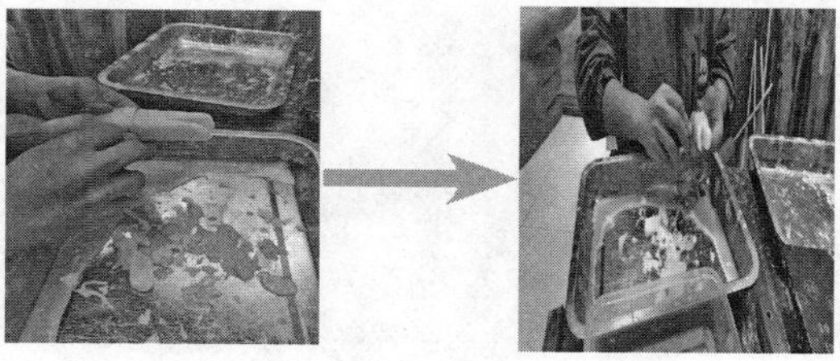

图5-27　做龙嘴

第三步：塑嘴型，用手将切下的龙嘴捏出形状后放冷水中冷却定型。

国5-28　塑嘴型

第四步：在龙嘴冷却的同时，做四颗獠牙。

图5–29　做獠牙

第五步：做龙角，将石蜡捏成0.5cm左右的薄片（两片），将其重合切成龙角形状，再用手捏出弧度，放热蜡液中裹一层蜡油，丢入冷水中冷却定型，这样做可以使龙角更加光滑圆润。

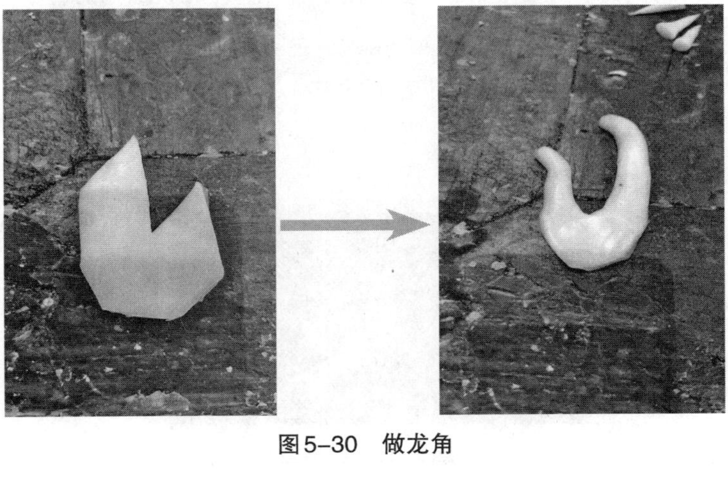

图5–30　做龙角

第六步：做鼻子，将石蜡揉成两颗同样大小的圆球，放热蜡液中裹一层蜡油，丢入冷水中冷却定型。

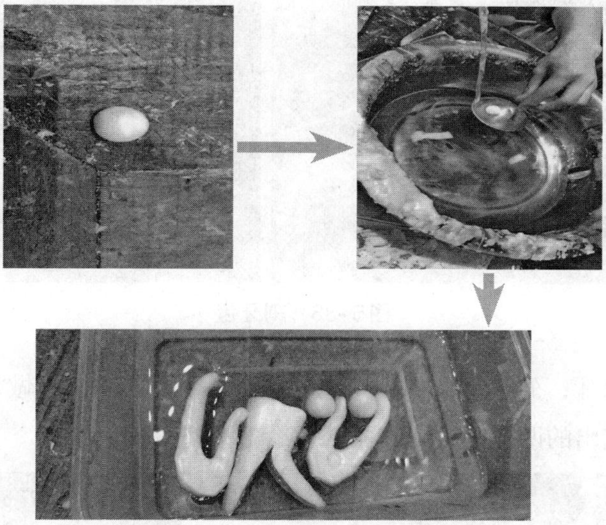

图5-31　做龙鼻子

第七步：取出冷却后的龙嘴，开始挖槽。先用小刀将上下颚各取两条对等的线，后用刻刀挖出一个凹槽。

图5-32　给龙嘴挖槽

第八步：用小刀刻出牙齿。

图5-33　刻牙齿

第九步：贴獠牙，先将上下嘴尖两边各挖出一个小凹槽，将做好的獠牙放热蜡液中粘蜡液，贴到挖出的凹槽中，捏出弧度，冷却塑型。

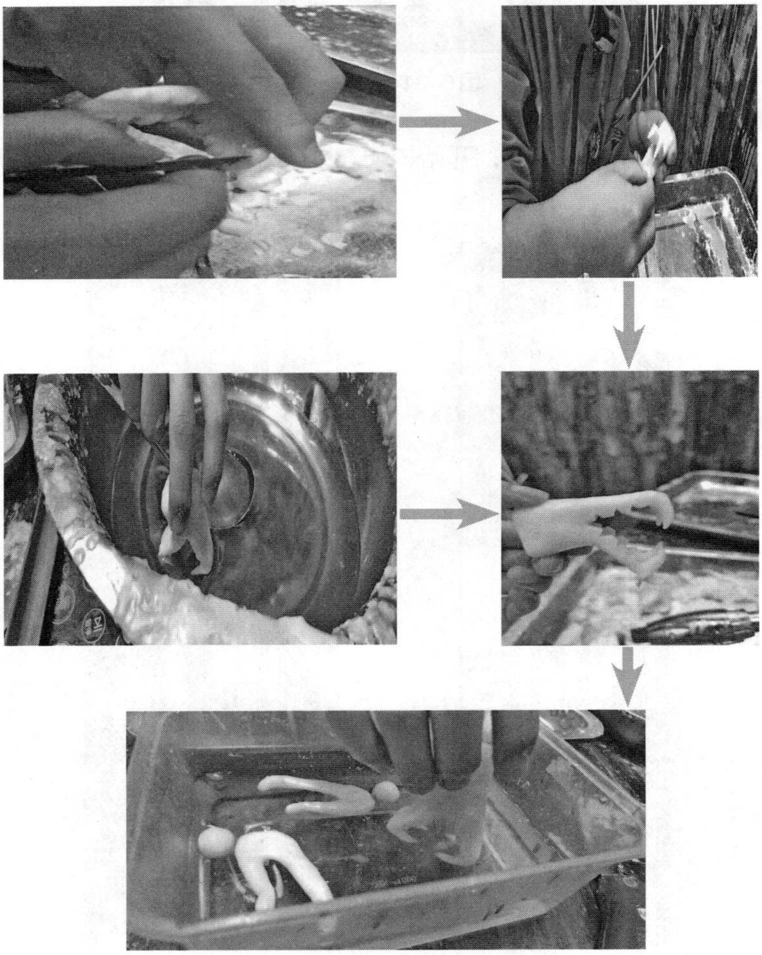

图5-34　贴獠牙

第十步：做龙鼻，在龙嘴上部挖两个小洞，将冷却后的两个圆球放热蜡液中蘸蜡后贴到小洞上，放入冷水中冷却塑型。

图5–35　做龙鼻

第十一步：捏龙脑。

图5–36　捏龙脑

第十二步：贴龙角。

图5–37　贴龙角

第十三步：贴龙眼。

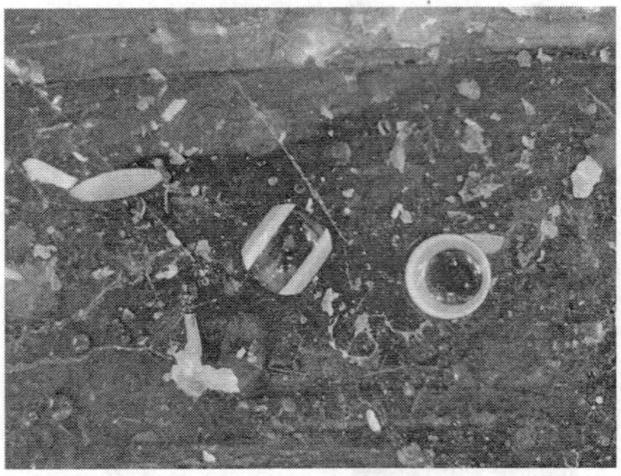

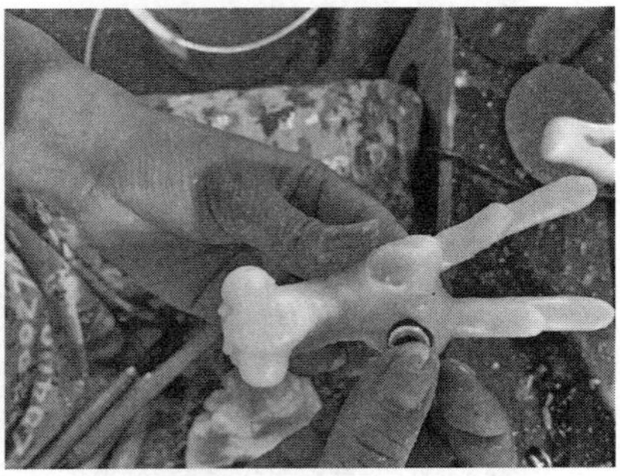

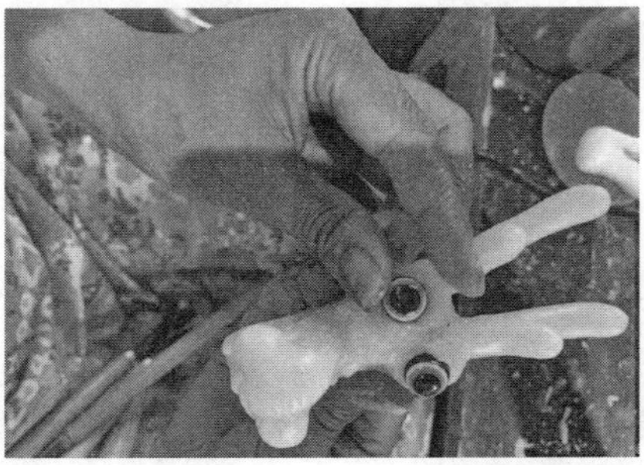

图 5–38　贴龙眼

第十四步：做龙须。

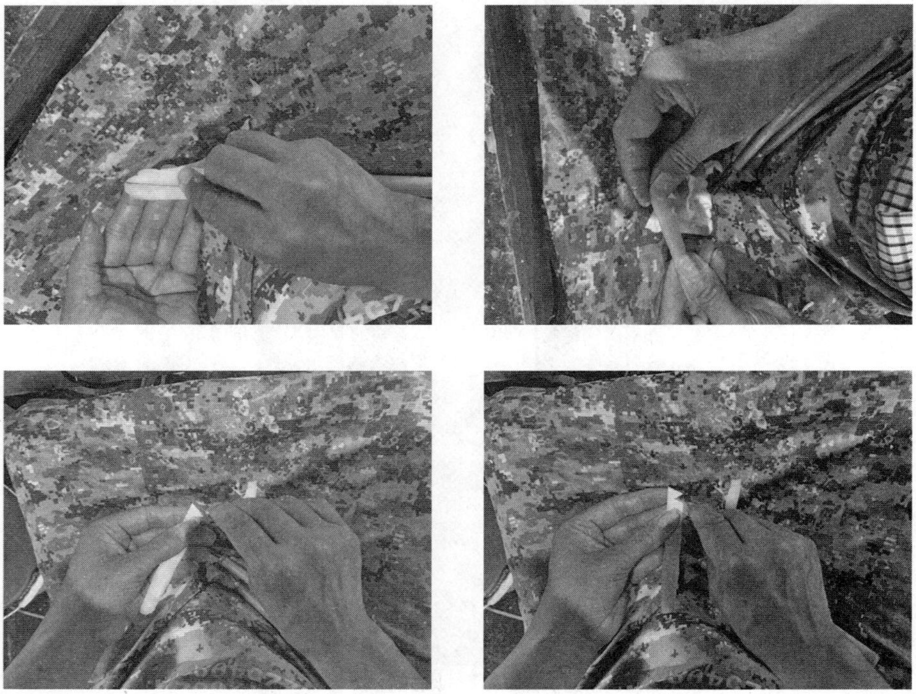

图5-39　做龙须

第十五步：贴獠牙，完成塑龙头。

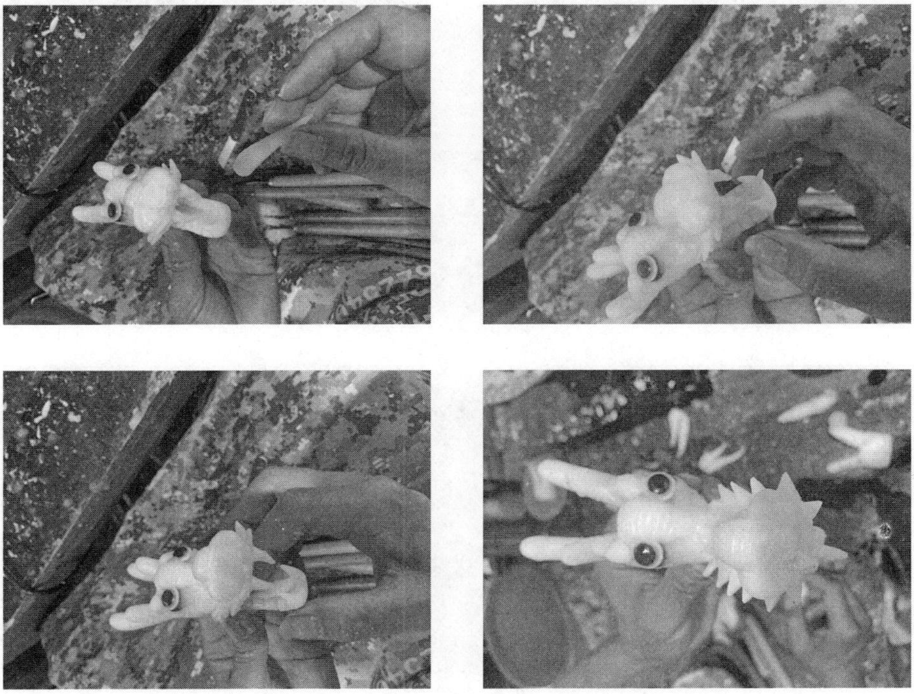

图5–40　完成塑龙头

3. 塑龙身

第一步：倒模。

图5–41　倒模

非物质文化遗产是指各民族人民世代相承的、与群众生活密切相关的各种传统文化表现形式（如民俗活动、表演艺术、传统知识和技能，以及与之相关的器具、实物、手工制品等）和文化空间。

第二步：制作龙爪、龙鳞。

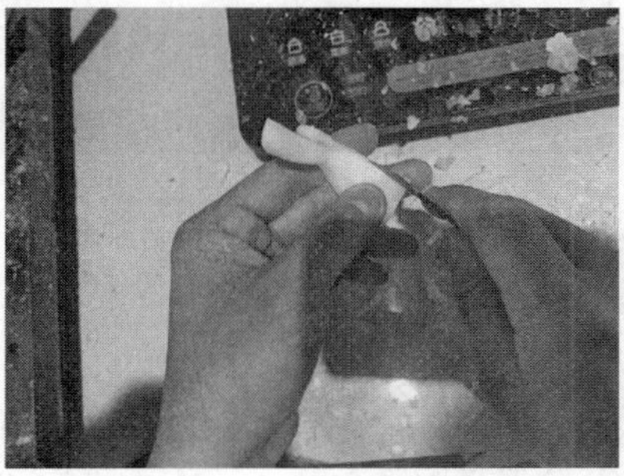
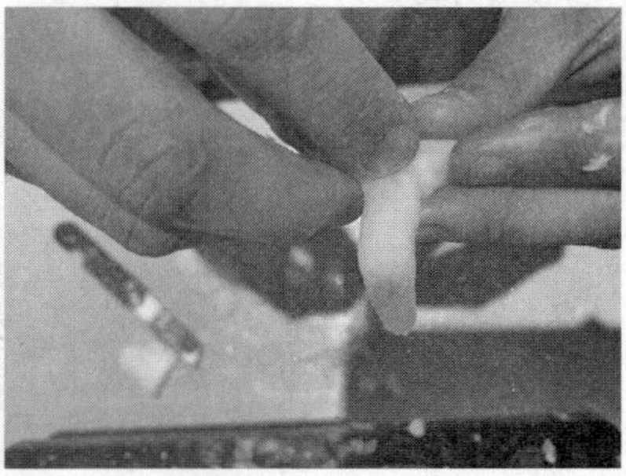
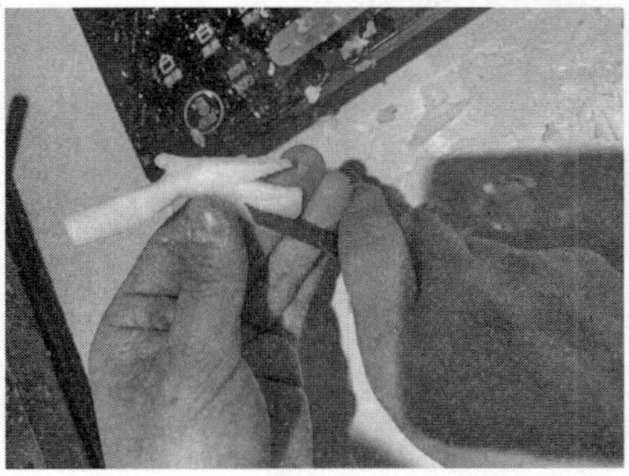
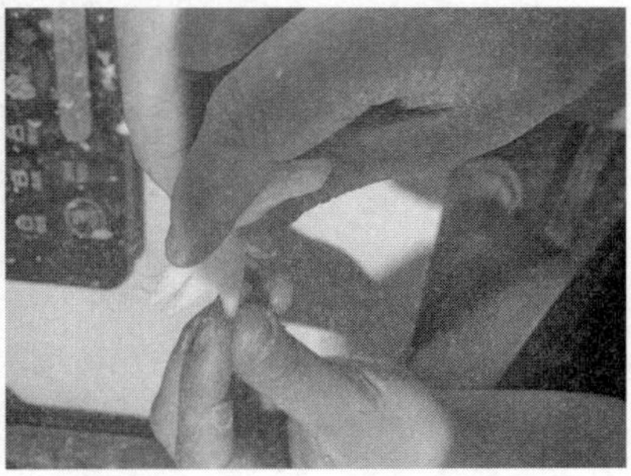

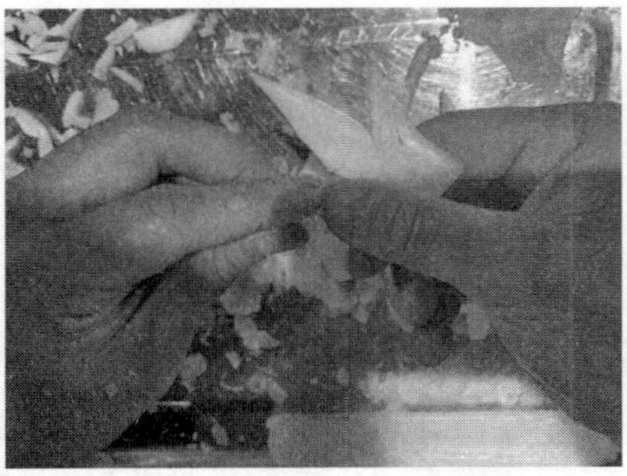

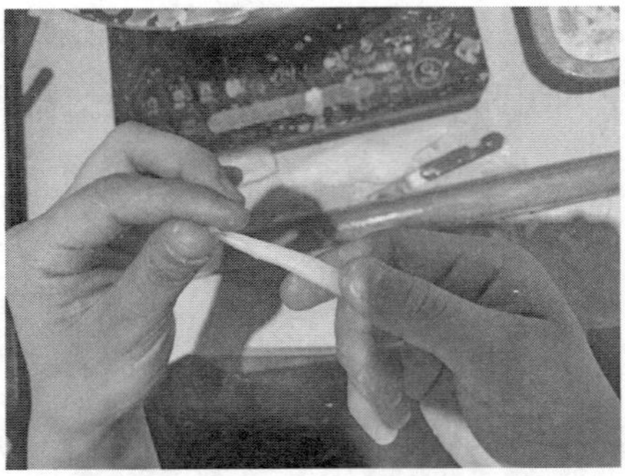

图5-42　制作龙爪、龙鳞

第三步：刻、贴龙鳞。

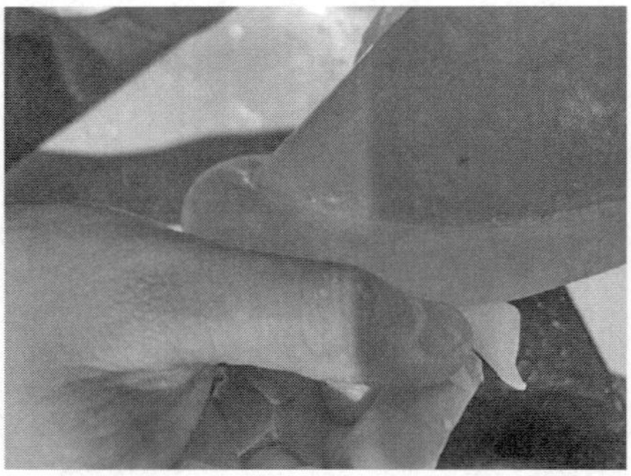

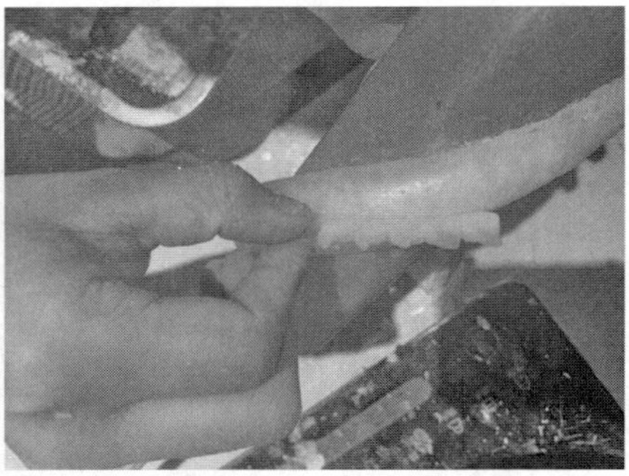

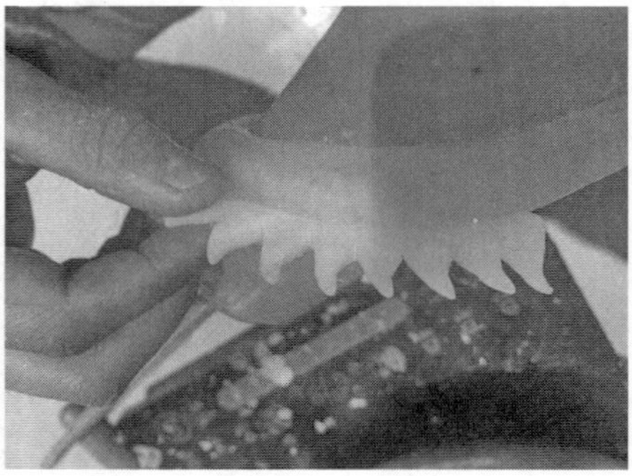

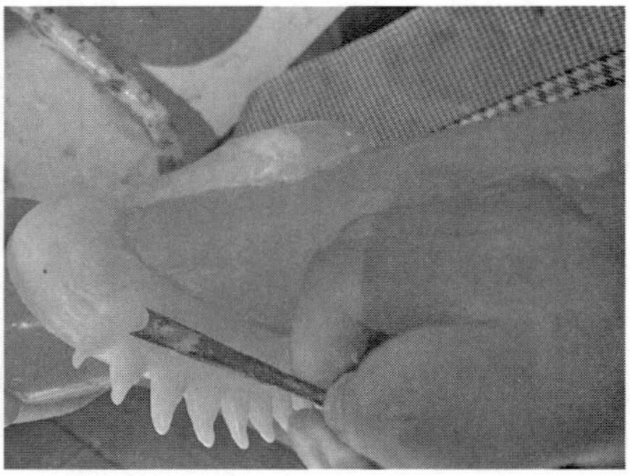

图5-43　刻、贴龙鳞

第四步：贴龙爪。

图5–44　贴龙爪

4. 倒膜

5. 雕刻

6. 上色

四、凤的制作

1. 揉蜡

在石蜡没有完全凝固的情况下，把石蜡揉成团，这时候的石蜡没有韧性，呈絮状。下一步开始揉蜡，在整个过程中，要在保证石蜡油余温的情况下，一直用和面的方式揉，大约10分钟后，石蜡变得有韧性，拉开后不易断且有拉丝状，这时，石蜡才算揉好。

图5–45　揉蜡

2. 塑型

塑型是将揉好的石蜡雕筑成想要的形状的过程。

第一步：捏凤头。

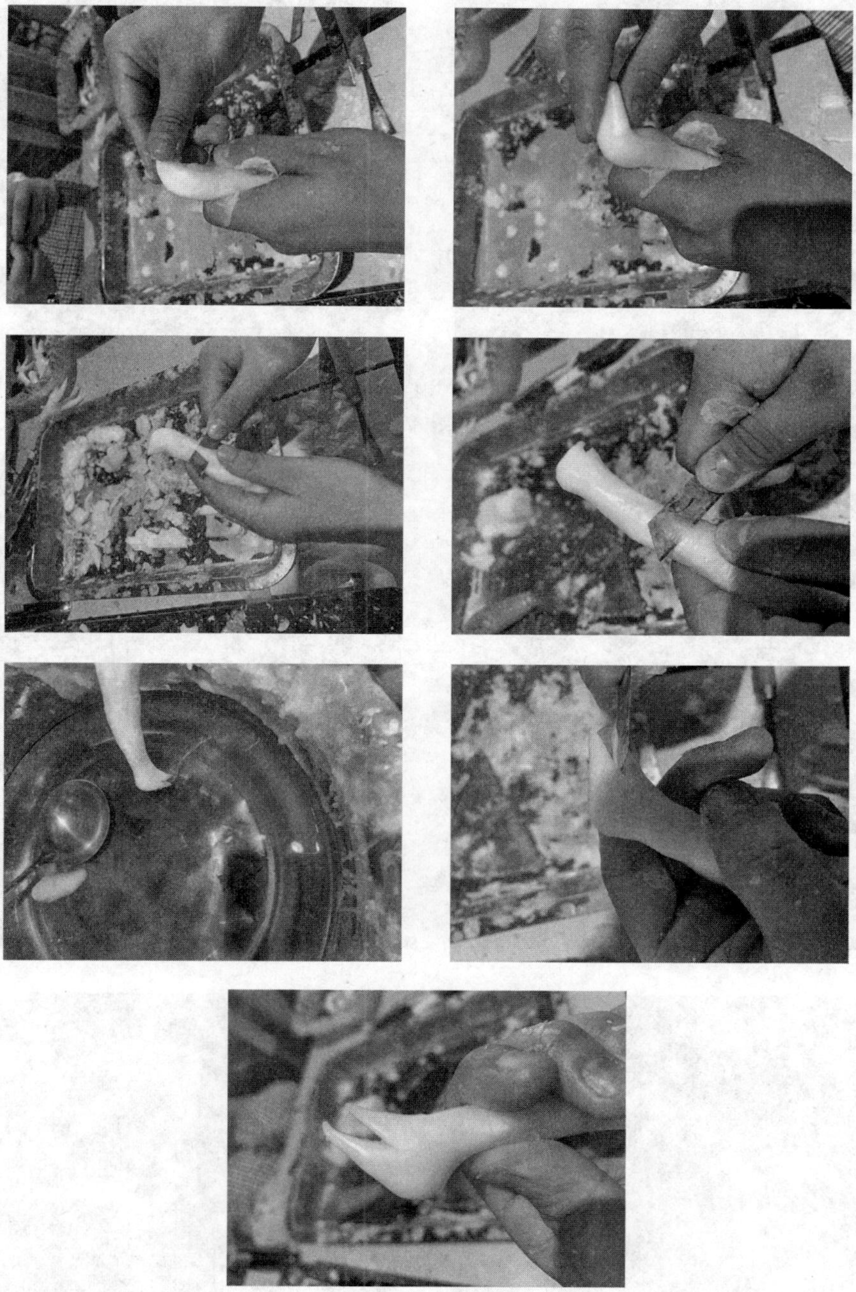

图 5–46　捏凤头

第二步：捏凤须。

图5–47　捏凤须

第三步：贴凤须、塑凤头。

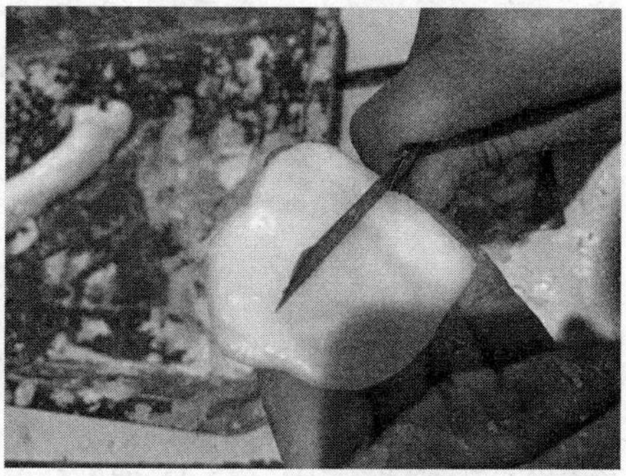
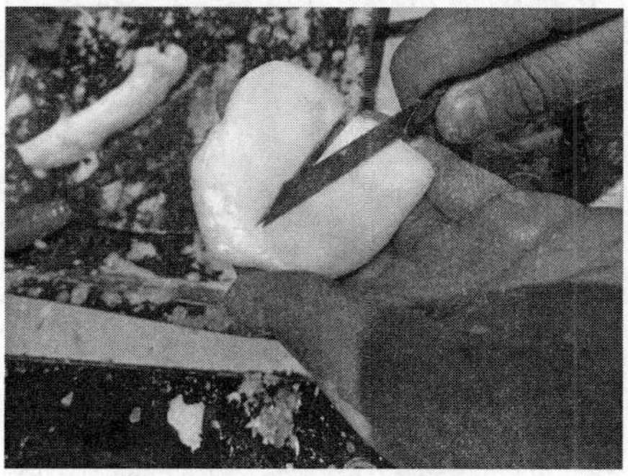
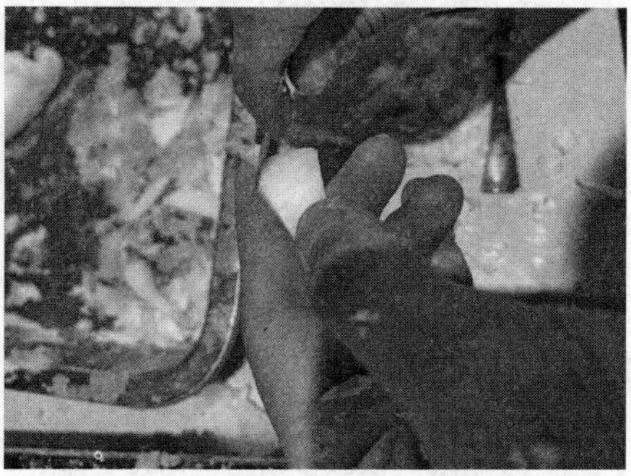

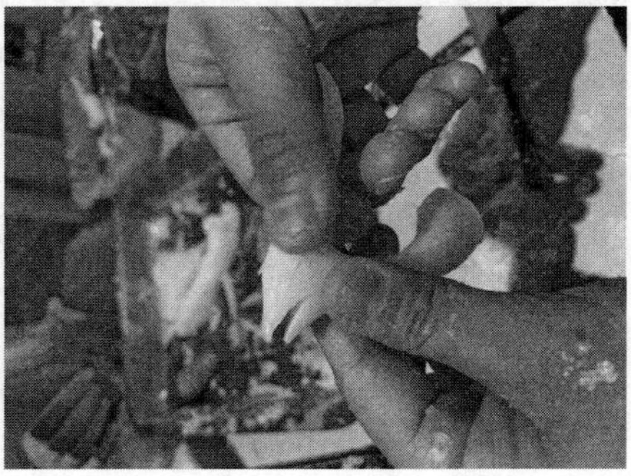

图5–48　贴凤须、塑凤头

第四步：做凤尾。

图5–49 做凤尾

第五步：贴凤头和凤尾。

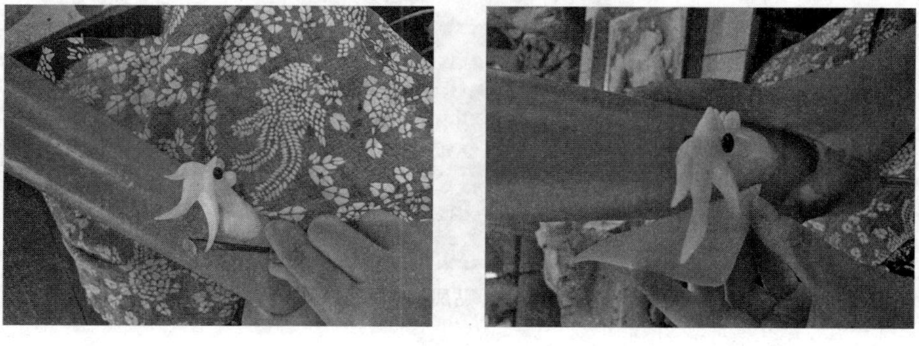

图5-50　贴凤头和凤尾

3. 倒膜

4. 雕刻

5. 上色

五、花瓣的制作

（1）将石蜡切成小块放在瓷器皿中，放置在电磁炉上熔蜡。

（2）将工业染料加入熔好的石蜡液中，拌匀。

（3）取大小不同的石头模具数个，放置在冷水中。

（4）取石头模具轻蘸石蜡液，快速放进冷水中冷却。

（5）再轻蘸石蜡液，快速粘到烛身上。

（6）将花瓣粘成需要制作的花样。

根据花朵的形状和花烛的不同用途，贴花的手法也不同。贴花时，如果将模具倾斜至60°，花朵具有立体感，适于需要花瓣多的花烛上。如果将模具垂直90°，花朵呈现出完全盛开的样子，适于运用到喜烛或迎春梅花烛上。

第六章

其他花烛的制作

一、寿星烛的制作

图6-1　寿星烛成品样式

制作步骤：（1）取1000克已经融化成水状的石蜡，冷却后揉搓成蜡团。

（2）首先取500克左右蜡团捏制成人形（图6-2），并利用小刀削出寿星的形状，再用雕刻刀雕出其形状和细节部位（图6-3）。

（3）然后再把剩下的蜡一分为二，揉搓成松树的枝干和叶片，并用小刀雕出其形状（图6-4）。

（4）组合在一起用烫蜡贴在红烛上。

（5）组合好以后调制好油性颜料分别进行上色。

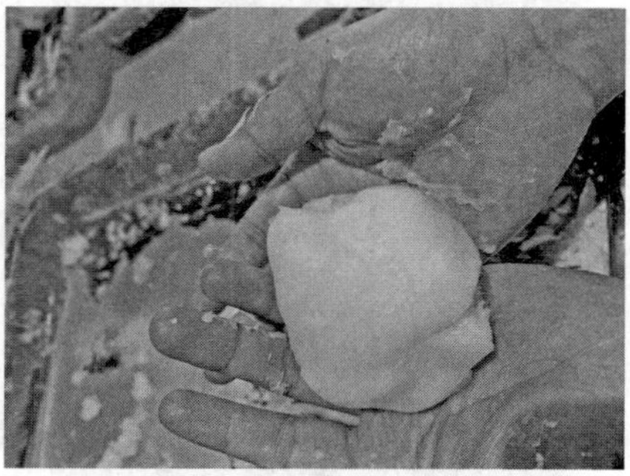

图6-2　蜡团捏制成人形

图6–3　用雕刻刀雕出其形状和其他部位

图6–4　用小刀雕刻出枝干和叶片

二、牛头烛的制作

图6–5　牛头烛成品样式

制作步骤：（1）取1000克已经融化成水状的石蜡，冷却后揉搓成蜡团（图6-6）。

（2）首先取500克左右蜡团捏制成锥形（图6-7），并利用小刀削出牛头的形状（图6-8），抠出眼睛和嘴（图6-9）。

（3）然后再把剩下的蜡一分为二，搓成长条圆柱体形状，并弯曲。并用雕刻刀雕出其牛角齿轮形状（图6-10）。牛角与牛头组合在一起用烫蜡贴在红烛上，便完成了。

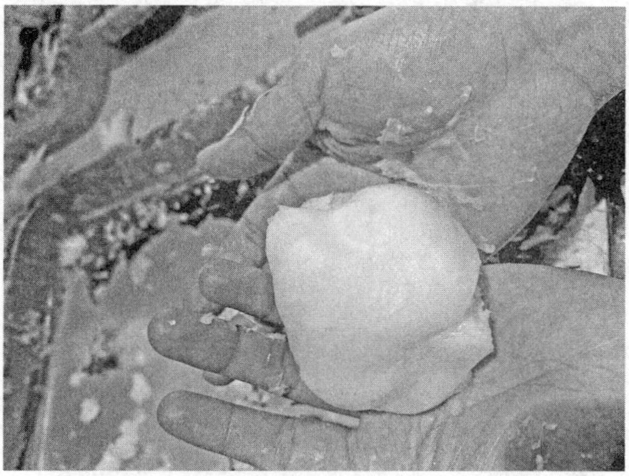

图6-6　揉搓成蜡团

图6-7　蜡团捏成锥形

图6-8　用小刀削出牛头的形状

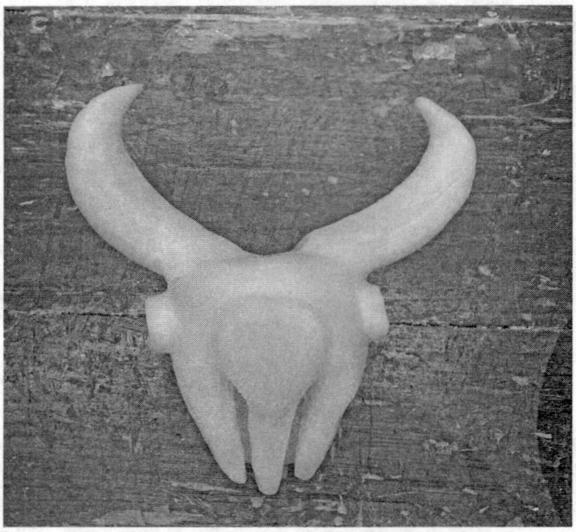

图6-9　抠出眼睛和嘴

图6-10　雕出牛角齿轮形状

三、梅花烛的制作

图6-11 梅花烛成品样式

制作步骤：(1) 取600克已经融化成水状的石蜡，冷却后揉搓成长条圆柱形状蜡团（图6-12）。

(2) 首先取300克左右蜡团捏制成树枝形状，并贴在蜡烛上（图6-13），再利用小刀削出树枝的造型（图6-14）。

(3) 然后再上色，待颜料干了以后进行贴花，用特制的模具在树枝头贴出不一样的梅花花瓣（图6-15）。

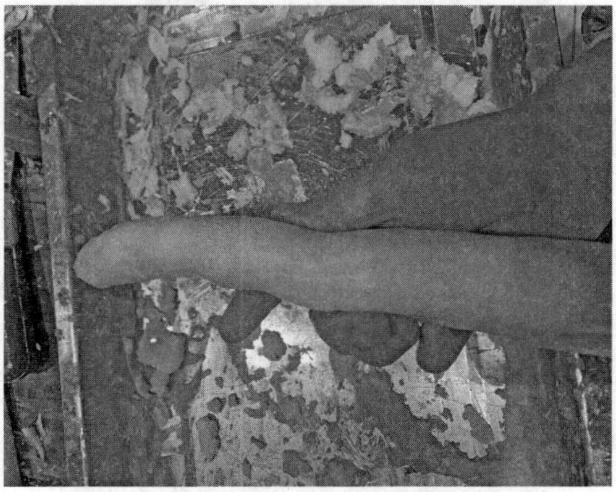

图6-12 揉搓成长条圆柱形状蜡团

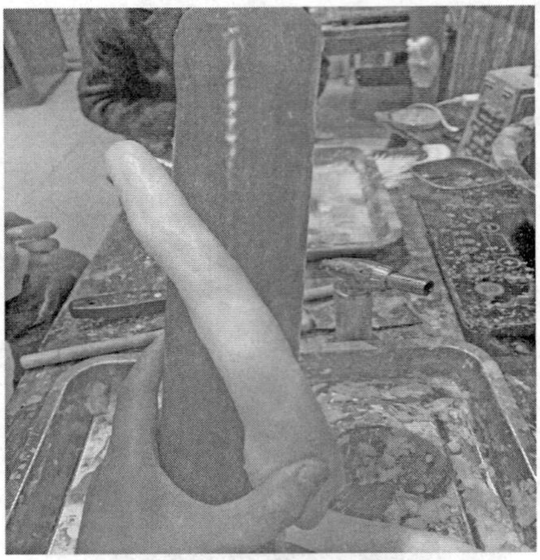

图6-13　贴在蜡烛上

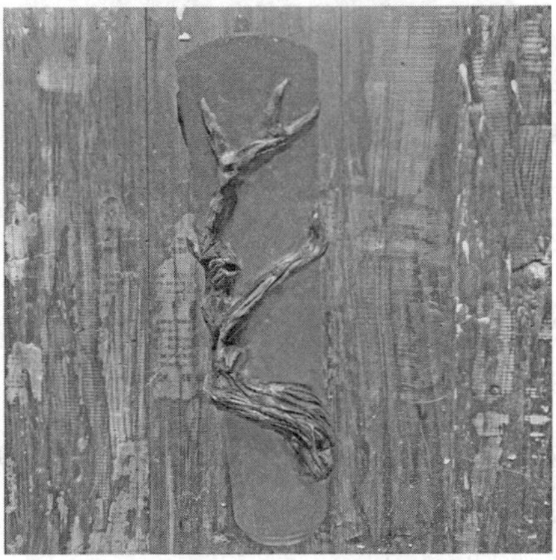

图6-14　用小刀削出树枝造型

图6-15　贴梅花花瓣

下篇　拓展篇

第七章

非物质文化遗产保护及龙凤花烛的发展

非物质文化遗产的范围包括：在民间长期口耳相传的诗歌、神话、史诗、故事、传说、谣谚；传统的音乐、舞蹈、戏剧、曲艺、杂技、木偶、皮影等民间表演艺术；广大民众世代传承的人生礼仪、岁时活动、节日庆典、民间体育和竞技，以及有关生产、生活的其他习俗；有关自然界和宇宙的民间传统知识和实践；传统的手工艺技能；与上述文化表现形式相关的文化场所等。

第一节　非物质文化遗产内涵

非物质文化遗产，是根据联合国教科文组织的《保护非物质文化遗产公约》定义，非物质文化遗产指被各群体、团体、有时为个人所视为其文化遗产的各种实践、表演、表现形式、知识体系和技能及其有关的工具、实物、工艺品和文化场所。

各个群体和团体随着其所处环境、与自然界的相互关系和历史条件的变化不断使这种代代相传的非物质文化遗产得到创新，同时使他们自己具有一种认同感和历史感，从而促进了文化多样性和激发人类的创造力。公约所定义的“非物质文化遗产”包括以下方面：（1）口头传统和表现形式，包括作为非物质文化遗产媒介的语言；（2）表演艺术；（3）社会实践、仪式、节庆活动；（4）有关自然界和宇宙的知识和实践；（5）传统手工艺。

根据《中华人民共和国非物质文化遗产法》规定：非物质文化遗产是指各族人民世代相传并视为其文化遗产组成部分的各种传统文化表现形式，以及与传统文化表现形式相关的实物和场所。包括：（1）传统口头文学以及作为其载体的语言；（2）传统美术、书法、音乐、舞蹈、戏剧、曲艺和杂技；（3）传统技艺、医药和历法；（4）传统礼仪、节庆等民俗；（5）传统体育和游艺；（6）其他非物质文化遗产。属于非物质文化遗产组成部分的实物和场所，凡属文物的，适用《中华人民共和国文物保护法》的有关规定。

第二节 秀山龙凤花烛与非遗的关系

《中华人民共和国非物质文化遗产法》于2011年6月1日起实行。

该法指出：非物质文化遗产保护为主、抢救第一、合理利用、传承发展。非物质文化遗产保护的工作原则是：政府主导、社会参与、明确职责、形成合力；长远规划、分步实施、点面结合、讲求实效。

随着社会的进步与发展，人们开始放弃了原始的生活方式，那些代表着民族文化和精神的非物质渐渐湮灭在了历史的边缘，因此作为非遗保护下的制作工艺，秀山龙凤花烛从某种意义上来讲，它记录着秀山繁衍的历史，凝结着秀山土家精神。特别是土家族没有自己的语言文字，其历史，则是在创世神话中表述，在民间传说中记载，在群众口头上流传。秀山龙凤花烛就是在此基础上，得以流传和发展。2007年，秀山龙凤花烛被重庆市列入首批市级非物质文化遗产保护名录。与秀山物质文化相配合而产生，制作工艺和造型因其特殊的人文地理环境经过历代的传承、发展与创新，形成现在入目所见的具有造型美观、做工精致、配色喜庆、习俗浓郁的手工工艺品。

近年来，伴随着联合国教科文组织宣布人类口头和非物质遗产代表作行动的启动，全球性的保护、珍视口头和非物质遗产逐渐掀起热潮。而非物质文化遗产是不能像文物一样被保护起来的，非物质文化遗产“不是死的”，我们要在继承的基础上发展非物质文化遗产。

第三节 秀山龙凤花烛的代表性传承人——陈建友

一、陈建友简介

陈建友，男，1970年6月出生，祖籍秀山县梅江镇，重庆“非遗”——秀山“龙凤花烛”传承人，于2007年被列入重庆市首批非物质文化遗产，2014年获得全国休闲农业创意精品产品银奖，作品2010年参加上海世博会，2016年的北京“全国革命老区”纪念展，2018年法国卢浮宫的“世界非遗展览”。2017年3月任职于秀山职业教育中心教授花烛技艺，并带领学生在重庆市中职学校民族民间传统手工制作大赛中荣获一等奖。

二、作品欣赏

图7-1 陈建友作品（1）

图7-2 陈建友作品（2）

图7–3　陈建友作品（3）

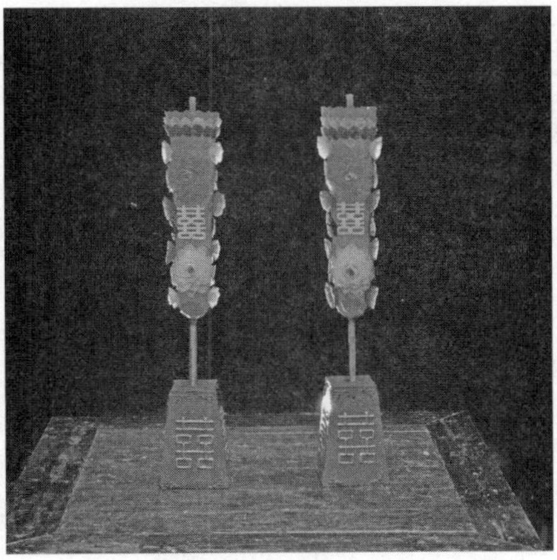

图7–4　陈建友作品（4）

图7–5　陈建友作品（5）

第八章

龙凤花烛衍生作品

第一节　龙凤花烛的创新

龙凤花烛是历史悠久的民俗工艺品。在中国，婚礼上“点花烛”由来已久。据史料记载，魏晋南北朝时已有花烛。在南朝梁代用于新婚，到唐朝以后成为风俗。作为一种民俗文化，在古代，只有点过龙凤花烛，才算正式夫妻，所以，人们把拜过堂、成过亲，明媒正娶的夫妻称为“花烛夫妻”。

最初的“花烛”都是用纸剪成龙凤、花朵等在蜡里浸一下，就成为简单的“龙凤花烛”，在原有花烛的基础上，秀山龙凤花烛通过数年年的探索、实践创新了原有简单的纸花烛做成了蜡花烛。这些“蜡花烛”都是纯手工制作，看似简单，实际上做工非常繁复。制作花烛所用的蜡是特制的蜡，坚固不易碎。另外制作花烛还需要大量的模具，用来把蜡制作成各式各样的形状。通常，制作花烛先要完成十余种零部件的准备工作，涉及上蜡、熔蜡、调色、浇筑、上色、揉蜡、雕刻等数道工序。

一、浇筑

为了顺应时代发展和市场对龙凤花烛的需求日益增多，对以往的纯手工浇筑进行了创新，引入了浇筑机，每台浇筑机可以一次性制作50支烛，用机器浇筑机浇筑出来的烛身，相比较于传统手工制作，有出烛快、形状一致、大小一致、节省时间等特点。

二、染料

以往用纯植物的紫色草作为烛身的染料，由于需求的增加，已经不能满足日益增加的市场需要，所以引入了工业燃料作为花烛的染色剂，工业燃料的加入，不仅使花烛、花瓣的颜色更加丰富，而且节约了成本。

三、龙凤的制作

以往的龙凤图案，多用纸进行剪裁，随着时代的发展，人们对美的要求越来越高，由此，现在的龙凤制作工序比以往复杂，会经过揉、捏、雕、刻等数道工序，所以现在的龙凤图案更加形象，更加栩栩如生。

四、作品创新

在龙凤花烛原有的作品，如花烛、龙凤花烛、牛头烛、迎春梅花烛等基础上，研发出香薰蜡烛。香薰蜡烛属于工艺蜡烛的一种，外型丰富多姿，色彩美轮美奂，其蕴含的天然植物精油，燃烧时散发出怡人清香，具有美容保健、舒缓神经、净化空气、消除异味之功效。提到“疗”效，不同的香薰蜡烛散发出的不同香气，对身体也会产生不同的效用，比如朱古力、草莓、蓝莓这样的味道，由于甜味为味道中的主调，有助于消除忧郁情绪。花香具有催情的作用，能消除心中的不快，加速血液循环。

除此之外，现在正在创新其他作品形式，比如花烛装饰品，花烛十二生肖、花烛旅游纪念品等等。

第二节　龙凤花烛原创作品销售方式

一、传统销售方式

采用批发或零售的方式，把产品卖给批发商或零售商，再由他们卖给顾客，或者直接将产品卖给消费者。这种销售方式可以减少库存、促销和运输的资金压力。

传统营销模式满足市场需求的时间长、速度慢。 现代的市场竞争是时间与速度的竞争。传统观念认为，企业的发展和持续盈利能力受市场开发和制造能力的约束。在知识经济时代，企业的发展和持续盈利能力主要受满足市场需求的时间和速度的制约，即确认顾客的需求、市场的机遇，并把它们转化为产品和服务组合的时间和速度。传统的营销过程是，先开发概念产品，然后制造样品，再试制产品，最后才是产品营销。因此，满足市场需求的时间长、速度慢。

二、现代销售方式

1. 特许商业经营、连锁和发展加盟模式

特许经营是一种在国外已相当成熟的销售方式，从20世纪70年代起在我国也开始迅猛发展。通过发展这些分店或加盟的形式，把龙凤花烛产品销售出去。

2. 电商方式

（1）可以利用一些成熟的电子商务平台，通过他们搭建的流量平台、把龙凤花烛产品卖出去。比较知名的电商平台有，阿里巴巴、京东商城、天猫超市、淘宝、拼多多等，找到一个适合你的。

（2）自己构建一个销售网站，不过运营成本比较高。

3. 直销分享

直销是指直销企业招募直销员，由直销员在固定营业场所之外直接向最终消费者推销产品的经销方式。或者顾客使用后，觉得龙凤花烛产品不错，真心分享给朋友。

4. 微商等销售方式

微商是基于移动互联网的发展出现的新的方式，借助于社交软件为工具，以人为中心、社交为纽带的为龙凤花烛产品和服务宣传及销售的新方式。

5. 网络直播方式

通过（音频+视频）导入端（导播设备或平台），再通过网络上传至，发布至网址供人观看。然后聚集大量粉丝，展示龙凤花烛产品或服务，及时与粉丝沟通的一种新销售方式。

6. 会销、招商方式

（1）参加各种展会、行业集会，寻找意向客户，追踪销售。

（2）组织意向客户或准客户，参加龙凤花烛产品发布会、产品介绍会、宣传会、招商会以及沙龙活动等，然后推广销售龙凤花烛产品，目前这种方式发展比较成熟。

第三节 花烛助力乡村发展

一、培养非遗传承人

近些年来，学校通过加强对民族文化传人的培养、培训，多形式、多渠道地培养非遗文化传承人，努力促进非物质文化遗产的保护和传承。

首先立足学校特色，向地方文化“寻宝”，提高学校产教融合竞争力，走出适合地方产业发展的特色办学之路。在学校的民族工艺品创客工作室，学生们运用传统手工艺“石蜡”所制成的香薰烛、十二生肖烛、花烛拼盘等作品，收获好评不断。

其次，在学校开设了龙凤花烛“大师工作室”，吸收地方非遗文化传承人入校，利用社团课实践，给学生教授龙凤花烛传统工艺。示范校建设以来，学校大力推进民族工艺品制作，物化民族文化艺术作品，与县工业园区中的行业企业合作，实施“双创共建”，通过成立民族工艺品创客工作室，孵化和研发产品，培养具备优秀中华民族品格的民族文化传承人。

最后，学校已经着手搭建电商平台，采用“线上+线下”的互动方式推广民族艺术产品，促进专业特色发展。

二、开发文旅产品

秀山是文化名城，更是旅游大县。结合本地文旅优势，学校还与县旅游局、县旅管会、秀山华城旅游合作，整合舞蹈、旅游、烹饪等专业力量，向县域旅游景点提供秀山民族歌舞表演、导游、客房、餐饮、民族工艺品等服务，为地方旅游事业发展提供人才支撑。在龙凤花烛工作室，我们学校积极研发与创新，制作出了色彩丰富、形状多艺的香薰蜡烛，作为文旅产品，获得广泛好评。在此基础上，我们还研发了十二生肖烛、花烛拼盘等作品，吸引人们纷纷驻足购买，收获好评不断。

同时以地域文化为支点，对外广开渠道，结合本地经济社会发展需求充分开展校企合作，对内优化改革，通过成立创客工作室、孵化基地、双创基地等，实现产品研发，同时，在校内建立生产线，实现学校创新、创业及创收多点共赢。

第四节　挖掘秀山非遗文化

秀山作为土家族、苗族的聚居地，这里民俗文化厚重。根据文化和旅游部办公厅发布的《关于公布国家级非物质文化遗产代表性项目保护单位名单的通知》，调整后的国家级非遗代表性项目保护单位名单共3154个，其中秀山上榜2个！自2007年起，重庆市已经颁发确认了共计六批的非物质文化遗产名录，其中，秀山共有22个项目入选。

一、秀山花灯

秀山花灯，是第一批国家级非物质文化遗产。其编排出来的花灯戏，还被评选为重庆市市级非物质文化遗产项目，曾代表重庆市参加全国百戏盛典演出。

秀山花灯是形成并发展于秀山土家族苗族自治县的集信仰、民俗、歌舞、戏剧、曲艺等，多种文化艺术形式于一体的民间文化现象和民间表演形式，是我国西南花灯艺术中的一个重要流派，亦名“跳花灯”“耍花灯”“花灯戏”，是一种古老的民间歌舞说唱艺术。

秀山花灯每年正月初二开始，至正月十五结束，十六以后叫“厚脸灯”。传统的花灯表演，场地不限，有10余平米平地即可。花灯小戏，需“搭台子”，简易布景。

表演形式有：单花灯（花灯二人转）、双花灯（2俊2丑，4人表演）、花灯群舞（多人表演）、花灯戏（剧）等。

表演程序：设灯堂、启灯（请灯）、跳灯、辞灯。灯堂设“金花小姐”“银花二娘”神位。请灯仪式结束，赴村寨逐户跳去。跳时，唱《观灯调》《祝贺调》，临走唱《谢主调》。主要步法有：顿步、一字步、出灯步、前丁丁步、后丁丁步、悠悠步、三角步、过堂步、单颤步、双颤步、小二步、簸宾步、进退步等。

基本动作有：单摆柳、隔帘望、靠膝、回收月、谢花子、蹲抬肩、喜相逢、岔头转、逗蝴蝶、单推磨、岸边柳、波回波、三脚猫等。

音乐调式有：起灯调、跳灯调、观灯调、参灯调、闹红灯、闹元宵、送灯调、开财门、送寿月、拜年调、喜事调、谢主调等。

传统花灯小戏代表作有：《牧童看牛》《山伯访友》《打样成亲》《盘花》《闹五更》

《吴氏教子》等。

图8–1　秀山花灯

二、黄杨扁担

《黄杨扁担》是重庆民歌，起源于重庆市秀山县白粉墙村（黄杨扁担村），是土家族宝贵的文化资源，《黄杨扁担》是重庆人民的骄傲。1958年歌唱家朱宝勇首次演唱《黄杨扁担》，从此，优美抒情的秀山花灯歌曲《黄杨扁担》被冠以四川民歌在全国流传。"黄杨扁担软溜溜，挑担白米下酉州，人说酉州的姑娘好，酉州的姑娘会梳头……"几乎每一本关于中国民歌的书，都会将其收入。

黄杨木硬扎柔韧，最适宜做成扁担挑载重物。在渝东南乡间的田埂或山道上，时常能够碰见一些用黄杨扁担挑着两担稻秧、白米或几只猪崽的山民，沉重的担子经由黄杨扁担挑起来，一上一下地在肩上匀称地闪悠，很有一些音乐或者舞蹈的韵律。千百年来，土家、苗、汉各族人民在渝东南这块土地上聚族而居，形成了独特的民族风格和民族文化。

据了解，《黄杨扁担》在秀山有九种不同唱法。九种唱法互为母曲、子曲关系，既有区别，又和谐统一，显示出它的丰富性，其歌词为"黄杨扁担呀么软溜溜呀那么，姐哥呀哈里耶，挑一挑白米下柳州呀姐呀姐呀，下柳州呀那么哥呀哈里耶，姐呀姐呀下柳州呀那么哥呀哈里耶……"

秀山花灯曲调的多样性，形成了秀山民歌《黄杨扁担》衬字、衬词、衬句与衬段的丰富表现形式，这是龙灯音乐结构中不可分割的部分，它不仅起着联结、扩充作用，同时也使花灯曲调的民族风格更加突出。

三、秀山赦（社）饭制作与分享习俗

图8-2 秀山社饭

社饭即在过春社时吃的特殊饭食。土家族人注重过春社，立春过后的第五个戊日（通常在春分前后），家家户户都要做社饭，以祭祀先人。社饭的原料是白米和蒿菜，所以又有人称为“忆苦饭”。制作时，将先发的野蒿嫩枝搓揉，挤出苦水，同泡好的粘米、糯米一起蒸或焖熟，即可食用。随着生活水平的提高，人们做社饭时又加进了野葱、蒜苗、腊肉丁、核桃仁、花生仁等，不但清香，而且具有提神健脑之功效。又因为没有嫩野蒿时可以用野葱代，社饭则成为四时的美食。每年春分前后，人们都以吃社饭邀约亲朋好友聚会。

四、秀山著名的小吃——米豆腐

用大米淘洗浸泡后加水磨成米浆，然后大火熬制，整个过程讲究的是时间与分量，特别是添加的石灰不宜过多，也不宜过少，石灰加多了碱性过重，制作出来的米豆腐味涩；石灰过少碱性过弱，制作出来的米豆腐味淡，不能凝固。

米豆腐食用方便，冷热皆可；热食主要是煮了吃，里边放点酸菜，味道鲜美；冷食主要是凉拌，加上各种作料。米豆腐营养丰富，酸碱中和，软硬适中，老少皆宜。

图8-3　秀山米豆腐

秀山米豆腐色泽、口感各方面都形成了自己独有的味道，在吃法上大部分都是蘸着各色辣椒酱吃的，所以为了这项特色小吃，秀山人在辣椒酱上可谓下足了功夫。

秀山人常吃的米豆腐辣椒酱有以下几种："青椒味辣椒酱""豆豉味辣椒酱""山胡椒味辣椒酱""蒜味辣椒酱""折耳根味辣椒酱""香菜味辣椒酱"，每一种都有不一样的感觉，所以吃秀山米豆腐，一定不能少了秀山米豆腐辣椒酱。

五、西水船工号子

西水船工号子，特指西水河段船工劳动时的号子。其品类众多，曲调、节奏各异。而秀山西水船工号子，则是境内西水支流沿岸居民的一种生活方式，通过描绘西水船工的劳动场景，反映出秀山劳动人民的勤劳、乐观、勇敢、奋进的精神风貌。

图8-4　西水船工号子

六、苗族四月八

苗族四月八是苗族人民聚会欢庆的重大传统节日，中国苗族地区都十分盛行。源于苗族祭祀活动，祭天地、祭祖先、祭英雄、祭神灵。随着时代的变迁，节日活动逐步加进了歌舞表演及人情交流，内容更加丰富多彩。农历四月八日这一天，成千上万的苗族男女都要穿上节日盛装，从四面八方涌入歌场周围对唱苗歌。苗族四月八体现了苗族的宗教文化信仰特点，对研究苗族的历史、民俗具有重大的价值，是湘、鄂、渝、黔等省市苗族、侗族、瑶族，多民族的大聚会。

图8–5　苗族传统节日四月八

七、赶秋节

赶秋节是苗族民间在秋收前或立秋前举行的娱乐、互动、男女青年交往与庆祝丰收即将到来等为内容的大型民间节日活动。

在立秋日那天，当地群众停下手中的农活，穿上节日的盛装，结伴成群，从四面八方的村寨来到赶秋的集上，欢聚在秋坡上，观看吹笙、演戏、武术、舞狮子、上刀梯等娱乐节目，并且亲自参与打秋千、打球等等娱乐活动，同时还进行物质交流，青年们则多利用这次一年一遇的机会物色对象、谈情说爱。

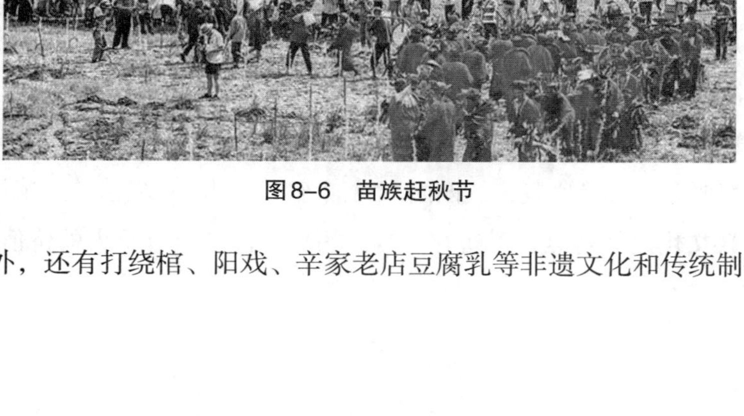

图8–6　苗族赶秋节

除此之外，还有打绕棺、阳戏、辛家老店豆腐乳等非遗文化和传统制作技艺。

附录

龙凤花烛

龙凤花烛

在重庆“边城”秀山县有项民间手工传统工艺，不但没有走向消亡，反而越开越艳，这门手工艺就是龙凤花烛的制作。经历了岁月的沧桑和时代的变迁，龙凤花烛从未“熄灭”。

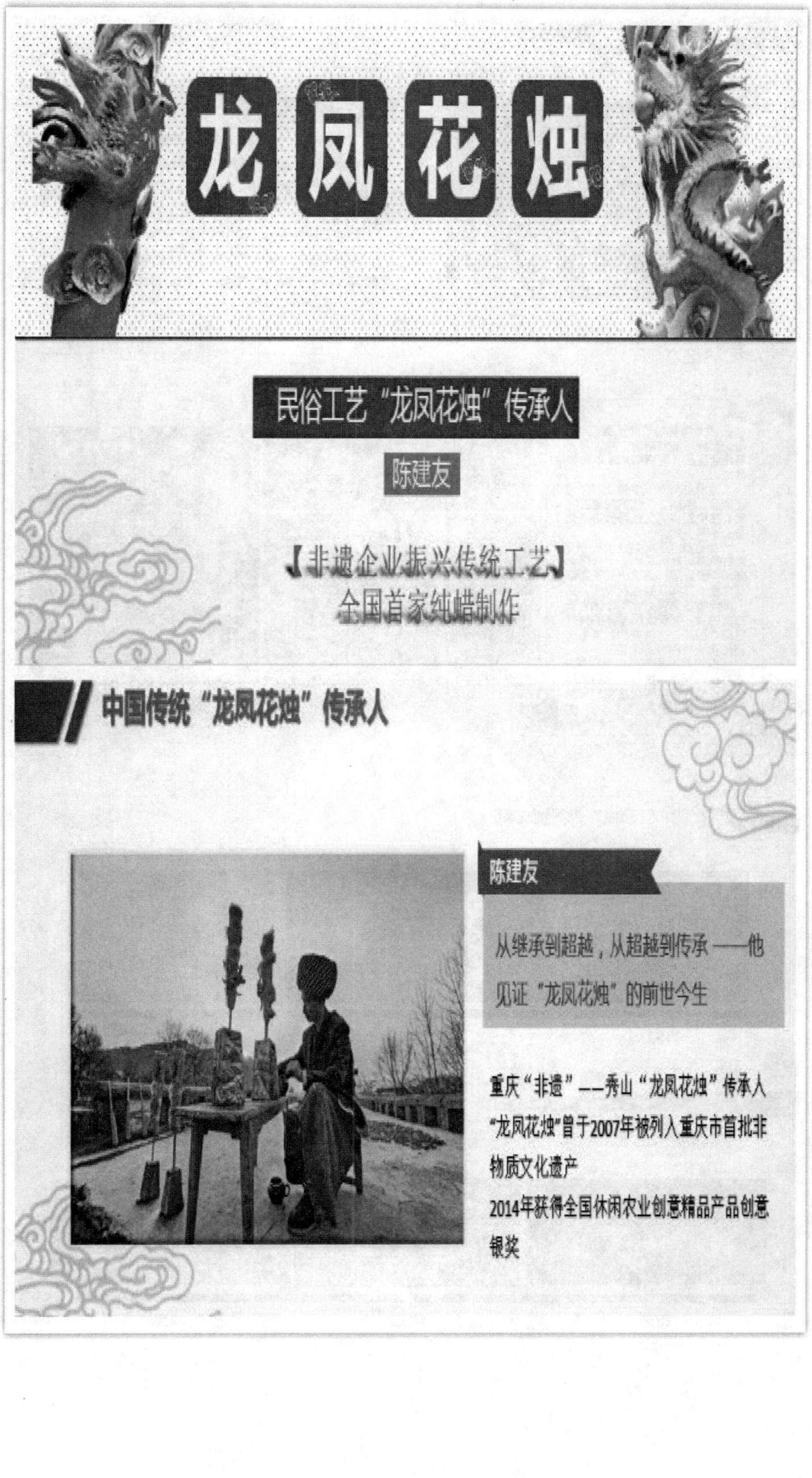
龙凤花烛
民俗工艺"龙凤花烛"传承人
陈建友
【非遗企业振兴传统工艺】
全国首家纯蜡制作
中国传统"龙凤花烛"传承人
陈建友
从继承到超越，从超越到传承——他见证"龙凤花烛"的前世今生
重庆"非遗"——秀山"龙凤花烛"传承人
"龙凤花烛"曾于2007年被列入重庆市首批非物质文化遗产
2014年获得全国休闲农业创意精品产品创意银奖

传统手工艺蜡烛起源

传统手工艺蜡烛起源

龙凤花烛是历史悠久的民俗工艺品。在中国传统婚嫁习俗中，点花烛是必不可少的环节。用于是在新人婚礼上使用，“花烛”通常由龙、凤和花等图案组成，代表着龙凤呈祥的美好祝愿。

因此，这种专门为婚礼使用的“花烛”被成为“龙凤花烛”。龙凤花烛倾注着劳动人民的朴素情感，具有独特的艺术风格，富有浓厚的生活气息。

“龙凤花烛”源于重庆市秀山土家族苗族自治县，秀山县为革命老区县，属湘鄂川黔革命根据地。

龙凤花烛是历史悠久的，是土家族、苗族、汉族的民俗工艺品，在中国传统文化习俗中点烛是必不可少的。

朱红底色的蜡柱上，一条龙，盘柱昂首，吐须扬角；一只凤，雍容华贵，展翅欲飞……花烛都是由龙、凤和花等图案组成，在中国传统理念里，龙和凤代表着吉祥如意，有着龙凤呈祥的美好祝愿。因此，这种专门为婚礼使用的花烛被称为龙凤花烛。

在古代，只有点过龙凤花烛，才算正式夫妻，所以，人们把拜过堂、成过亲，明媒正娶的夫妻称为“花烛夫妻”

“龙凤花烛”制作过程

缠灯芯

熔蜡

浇烛

“龙凤花烛”制作过程

调色

盖红

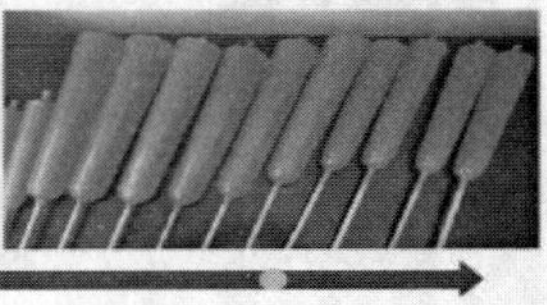

成品

“龙凤花烛”—陈建友作品展示
龙凤花烛
民
俗
重庆市市级非物质文化遗产
“龙凤花烛”—陈建友作品展示
龙凤烛

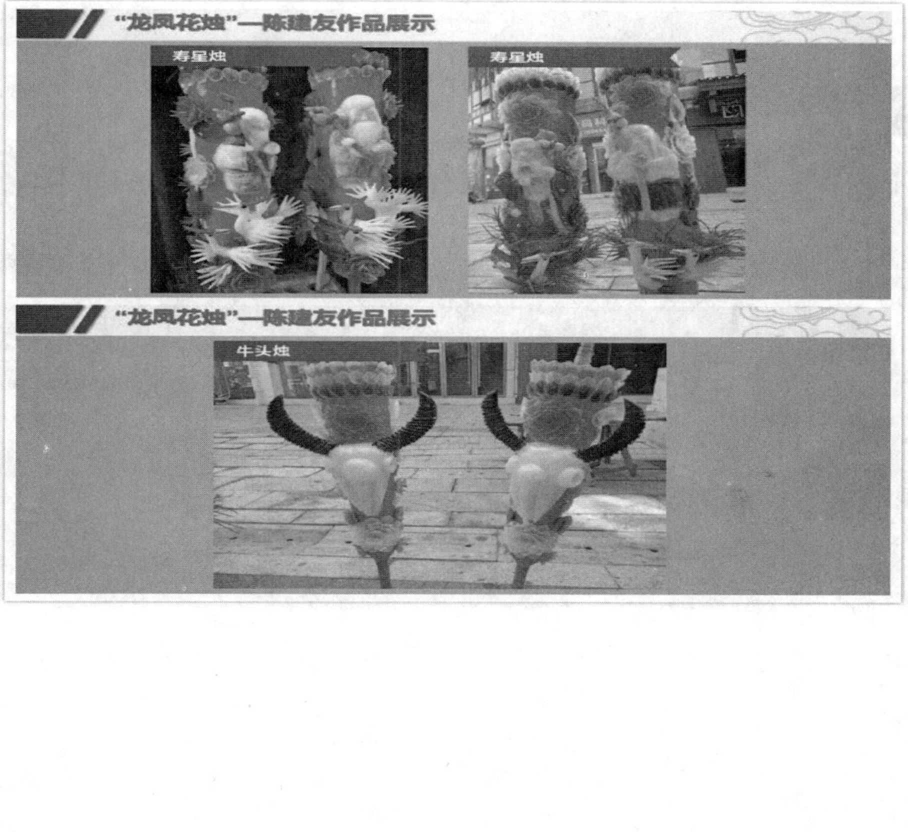
“龙凤花烛”—陈建友作品展示
寿星烛
寿星烛
“龙凤花烛”—陈建友作品展示
牛头烛

“龙凤花烛”—陈建友作品展示
双喜花烛
双喜花烛

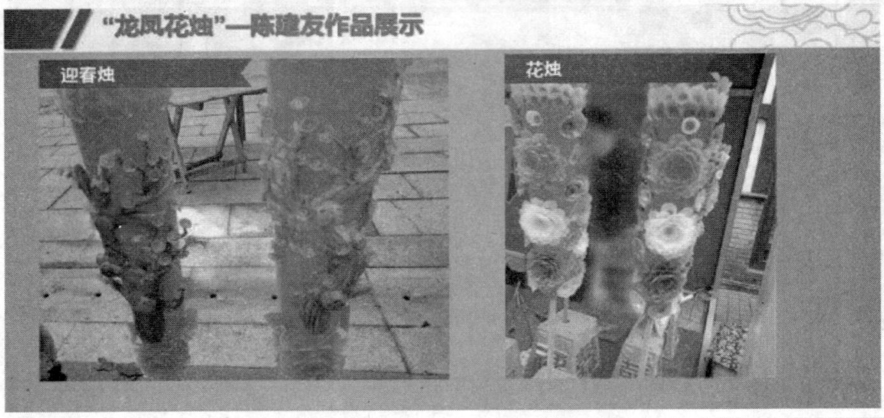
“龙凤花烛”—陈建友作品展示
迎春烛
花烛

“龙凤花烛”—陈建友作品展示
1800斤特大龙凤烛
1800斤特大龙凤烛

参赛作品
陈
建友
法国卢浮宫
世界非遗展

参赛作品

文化 传承·致敬40年

秀山历来是土家族、苗族聚居的地区，历史上有对“万物有灵”的多神崇拜，凡逢年过节、婚丧嫁娶、修房造屋、生朝满日等都要进行家祭。由于祭祀活动的需求，在秀山地区很早就有了制烛的生产工艺。因用途不一，所制造的蜡烛中，有祭祀用的九品烛，修房造屋用的喜烛、过生日用的寿烛、结婚用的龙凤花烛等。

朱红底色的蜡柱上，一条龙，盘柱昂首，吐须扬角；一只凤，雍容华贵，展翅欲飞……花烛都是由龙、凤和花等图案组成，在中国传统观念里，龙和凤代表着吉祥如意，有着龙凤呈祥的美好祝愿。因此，这种专门为婚礼使用的花烛被称为龙凤花烛。

陈建友制作的龙凤花烛系纯手工制作，手法大胆革新，技艺炉火纯青。他制作的每一对花烛，龙爪雄劲，体态矫健；凤目圆睁，神采飞扬，龙与凤都色泽鲜艳，栩栩如生。在30多年的从艺生涯中，他不断对制作工艺进行改良，提升龙凤花烛品质，同时不断创新推出莲花灯、小蜡烛、玉佩等文化旅游产品，深受游客喜爱。

秀山龙凤花烛的制作工艺和造型因其特殊的人文地理环境，其精到的制作工艺，具有极高的观赏价值和美学研究价值，融多种民间艺术于一体，是当地民间手工技艺的重要代表。对当地人民的生活观、价值观和爱情观具有深远的影响。

目前秀山县当地的几所学校都开设了学习制作龙凤花烛的课程，邀请陈建友给学生们讲解花烛的文化内涵，教授制作方法。

为开设的龙凤花烛制作学习的课程取名叫“凤知烛语”，寓意同学们不仅要学习掌握到制作的基本工序，更要了解并探索这门艺术的历史文化内涵，承担起优秀汉文化传承的责任。

参考文献

［1］黄健英，贾斌韬．省际边缘区域少数民族经济统筹发展研究——以武陵山经济协作区为例［J］．湖北民族学院学报（哲学社会科学版），2011.

［2］李慧灵．民族地区农村学前教育问题与对策研究——以重庆市某民族自治县为例［J］．兰州教育学院学报，2011.

［3］冯维波．重庆民居［M］．重庆大学出版社，2017.

［4］曹光辉，王岳．重庆市法定城乡规划全覆盖工作探索与实践［M］．重庆大学出版社，2018.

［5］冯敏．秀山土家族家庭研究［D］．中央民族大学，2006.

［6］周亮．渝东南土家族民居及其传统技术研究［D］．重庆大学，2005.

［7］谢萌．光华流人间：秀山龙凤花烛技艺及习俗研究［D］．四川美术学院，2017.

［8］林青．非物质文化遗产保护的理论与实践［M］．人民邮电出版社，2017.

［9］陈华文．非物质文化遗产［M］．浙江工商大学出版社，2014.